高等学校专业教材
中国轻工业"十四五"规划教材

食品新产品开发

陈　军　刘成梅　主编

中国轻工业出版社

图书在版编目（CIP）数据

食品新产品开发/陈军，刘成梅主编. — 北京：
中国轻工业出版社，2025.1
高等学校专业教材
ISBN 978-7-5184-4369-7

Ⅰ．①食… Ⅱ．①陈… ②刘… Ⅲ．①食品工业—
技术开发—高等学校—教材 Ⅳ．①TS2

中国国家版本馆 CIP 数据核字（2023）第 186500 号

责任编辑：伊双双　　邹婉羽　　责任终审：许春英　　整体设计：锋尚设计
策划编辑：伊双双　　　　　　　责任校对：朱燕春　　责任监印：张　可

出版发行：中国轻工业出版社（北京鲁谷东街 5 号，邮编：100040）
印　　刷：艺堂印刷（天津）有限公司
经　　销：各地新华书店
版　　次：2025 年 1 月第 1 版第 2 次印刷
开　　本：787×1092　1/16　印张：9.5
字　　数：219 千字
书　　号：ISBN 978-7-5184-4369-7　定价：38.00 元
邮购电话：010-85119873
发行电话：010-85119832　　010-85119912
网　　址：http://www.chlip.com.cn
Email：club@ chlip.com.cn

本书编委会

主　编　陈　军　刘成梅

副主编　邓利珍　戴涛涛

参　编（以姓氏笔画为序）

刘　伟　李　俶

邹立强　罗舜菁

梁瑞红

前言 | Preface

　　随着消费者对食品要求的提升，我国食品消费结构加速升级，中国食品行业也在加速发展以适应更高的社会需求。大量大规模工业化工厂已逐步取代传统手工作坊，先进的食品加工技术的不断开发与引进也推动着这一进程快速发展。这些快速的技术变化伴随着居民生活水平的提高，给食品新产品的开发带来了机遇与挑战。

　　食品行业的可持续发展离不开创新，新产品开发是食品企业发展的核心动力。本书的编写从市场和技术发展的需求出发，在产品开发设计和市场营销学的基础上，结合食品工艺学、食品包装学、食品标准与法规等专业课程内容，本着厚基础、宽专业的指导思想，力求知识的系统性与完整性。本书内容以食品加工学为主，辅以经济学、营销学、创造学等多学科知识，从新产品开发构思、配方设计、工艺设计、包装以及销售管理等方面阐述了食品新产品开发各个步骤中的要点与相关专业知识，具有较强的专业性。同时，通俗易懂的语言描述、穿插的食品案例以及详细的专业知识讲解赋予了本书更强的适用性、实践性与实用性，为食品新产品开发提供了系统的实施方案。

　　本书作为高等学校食品相关专业的教材，旨在培养学生在食品新产品开发相关的技术工艺、工程设计、品质控制、科学研究、产品销售、经营管理等方面的能力，使其成为具有坚定社会主义信念的高级工程技术人才；培养学生的深造基础和发展潜能，使其成为社会主义事业的合格建设者和可靠接班人。本书也可用作食品企业相关从业人员的参考资料，以及相关管理人员的培训指导资料。

　　本书由南昌大学陈军和刘成梅主编，共六章，由南昌大学食品学院长期从事食品专业教学与科研的教师共同编写。第一章绪论，由陈军和刘成梅编写；第二章食品新产品开发流程，由罗舜菁和戴涛涛编写；第三章食品新产品开发配方设计，由梁瑞红和邓利珍编写；第四章食品新产品加工技术，由陈军和刘伟编写；第五章食品新产品包装设计，由刘成梅和李俶编写；第六章食品新产品流通过程管理，由邹立强编写。

　　本书在编写过程中，参考了部分书籍和文献资料，在此向这些作者及为本书提供过资料以及支持的同志敬以诚挚的谢意！由于本书涉及的学科多、内容范围广，食品行业与相关加工技术更新快速，加之编者水平和能力有限，书中难免会有不少缺点和错误，敬请广大读者与专家同行批评指正，以便我们修改完善，在此深表感谢！

编者

2023 年 7 月

目录 |Contents|

[学习目标]

1. 熟悉和掌握食品及食品新产品的定义及分类。
2. 了解食品新产品开发的目的和意义。

随着社会经济的发展和居民生活水平的提高，消费者对饮食的营养和感官品质等需求也越来越高，即消费者的市场需求具有无限的扩展性。此外，随着科技发展的深入和经济全球化趋势的加剧，创新已成为时代发展主旋律，新产品的开发竞争成为企业竞争优势的源泉。食品企业需要不断开发新产品，开拓新市场，以体现其满足消费者需求的程度及其在市场的领先性。对食品及食品新产品定义和分类的正确认识以及对新产品开发目的和意义的深刻理解，可以促使食品新产品开发更加科学合理。本章主要介绍食品和食品新产品的定义及分类等相关内容，阐述食品新产品开发的目的和意义。

一、食品的定义及分类

食品是人类赖以生存的物质基础，人们每天必须摄取一定量的食品来获取所需的能量和营养物质，保证身体的正常生长和发育，以及预防疾病等，以维持生命与健康。GB/T 15091—1994《食品工业基本术语》对"食品"的定义为："可供人类食用或饮用的物质，包括加工食品、半成品和未加工食品，不包括烟草或只作药品用的物质。"《中华人民共和国食品安全法》（以下简称《食品安全法》）将"食品"定义为："各种供人食用或者饮用的成品和原料以及按照传统既是食品又是中药材的物品，但是不包括以治疗为目的的物品。"从食品的定义可以看出，广义的食品既包括食物原料，又包括经加工、制造后的食物。

食品对人体主要有三大功能。①营养功能：提供人体所需的营养素和能量，人体所需的营养物质包括碳水化合物、脂类、蛋白质、矿物质、维生素、水和膳食纤维七大类。②感官功能：食品的化学组成和贮藏加工工艺等会影响食品的颜色、大小、形状、滋味、口感等，丰富的食品能满足人们对色、香、味、形和质构的需求，从而达到食欲上的满足。③调节功能：食品可对人体产生良好的调节作用，具有增强机体免疫力、调节机体生理节律、预防疾病、促进康复或抗衰老等功能，但不以治疗疾病为目的。

日常生活中食用的食品根据其所含的营养物质及生产原料特性，可分为五大类：①以提供碳水化合物、蛋白质、膳食纤维及 B 族维生素的米、面、杂粮等谷类和马铃薯等薯类为主要原料生产的食品；②以提供蛋白质、脂肪、膳食纤维、矿物质和 B 族维生素的豆类为主要原料生产的食品；③以提供膳食纤维、胡萝卜素、矿物质等的蔬菜水果为主要原料生产的食品；④以提供蛋白质、脂肪、矿物质、维生素 A 和 B 族维生素的肉禽类、水产类、乳蛋类等动物性食物为主要原料生产的食品；⑤以提供能量的淀粉、食用糖、食用油等为原料生产的纯热能食品。

二、食品新产品的定义及分类

食品新产品是采用新原料、新原理、新构思、新设计、新工艺或新设备加以研制、改进和生产，获得的具有新外观、新口感或满足新市场需求的食品。大多数食品属于快速消费性质的产品。在当今快速发展的社会中，为满足伴随人民生活水平提高带来的对食品需求的提高，食品企业需要根据市场的走向和消费者的喜好，利用日新月异的食品科学技术不断地从原料、技术、工艺、营养价值和文化发展等方面创新开发新的产品。

从产品新颖程度考虑，食品新产品分为全新食品、换新食品、改进食品、仿制食品、系列食品和降低成本型食品等。

（1）全新食品 指采用新原料、新原理、新构思、新工艺或新技术生产的市场上未出现过的食品。全新食品是应用新技术成果的产物，与现有的产品比较，具有独创性。全新食品是随着科学技术的突破而出现的，它是企业在市场竞争中重要的取胜武器。例如，近年来开发的麻辣素牛肉、素牛肉干和手撕植物蛋白肉等植物肉零食备受市场和食品行业的追捧，在市场盛行，成为全新食品推动市场发展的良好案例。

（2）换新食品 指在原有食品产品的基础上采用新原料或新工艺制造出的具有新用途、满足新需求的食品。与全新食品相比，换新食品的开发难度较小，是企业开发新产品的重要形式。例如，火腿肠品牌相继推出的淀粉火腿肠、热狗香肠、加钙火腿肠、无淀粉火腿肠。

（3）改进食品 指采用各种改进技术，在现有食品产品的功能、感官、包装等方面做出改进和提高的食品。例如，透明质酸钠夹心软糖、荞麦水饺和面条就属于改进食品它通过添加营养物质对产品的营养价值和感观进行了改进。2021 年某品牌新推出的便携小瓶装益生菌蛋白粉，将蛋白粉类产品包装常见的粗壮瓶身缩小为类似胶囊形状的小瓶，消费者可以每次冲饮一瓶，极大提升了产品的应用便捷性（图 1-1）。

图 1-1　便携小瓶装益生菌蛋白粉

（4）仿制食品　指改进和创新市场上已有食品新产品的局部，但保持其基本原理或结构不变而仿制出来的食品。不断对市场上已有产品进行仿制，有利于提高企业的技术水平，形成企业与市场相互促进发展的局面，为市场整体发展注入新活力。例如，借鉴速冻调理食品理念生产的速冻鱿鱼卷、速冻虾仁等产品促进了速冻食品新产品的开发。

（5）系列食品　指针对现有的产品大类开发出的具有新的口味、品种、规格等属性的食品，可以与企业原有产品形成系列食品。系列食品新产品扩大了目标市场，为企业的发展提供了更大的空间。如某品牌的益生菌发酵多口味酸乳，包括原味、盐花芝士味、白桃燕麦味和苹果青柠味等口味，多种口味给消费者带来不一样的味觉享受。

（6）降低成本型食品　指提供同样感官或营养品质但降低成本生产的食品新产品，主要是指企业利用新方法改进生产工艺和提高生产效率，或在原产品的基础上更换产品包装，达到降低原产品的生产成本，且保持产品原有品质不变的食品新产品。例如，相比于速溶咖啡和咖啡冷萃冻干粉，某品牌推出的常温咖啡液不需要冷藏，工艺更加精简，价格更低，溶解性更高（图1-2）。

图1-2　冷萃咖啡液

食品新产品开发的核心是以消费者和市场为中心。在当下的互联网时代，新产品成为爆品的可能性比以前大很多。在当今市场，产品的迭代变得异常活跃，我们经常能看到很多"爆品"，有些是完全的迭代创新，有些是微创新的形态变化，或是设计力和视觉提升，但它们通常会借助互联网的销售与传播渠道，利用互联网链接线下形成的合力，实现市场表现的最大化。

三、食品新产品开发的目的和意义

食品新产品开发是食品企业通过组合企业能力、资源和知识技术提升产品品质而增加其产品价值的过程。对于食品企业，开发食品新产品的目的是提高其在市场的生存、发展和竞争力。面对日益激烈的市场竞争，为避免被淘汰和保持竞争优势，食品企业需不断创新开发新产品，以新产品提高企业自身的市场竞争力。因此，开发食品新产品对食品企业的生存发展有着极为重要的意义。

（1）开发食品新产品是食品企业生存、发展和提高企业竞争力的根本保证。科学技术的发展为食品企业创造了发展机遇，缩短了新产品的开发周期，加速了产品的更新换代，推动着企业不断开发新产品。同时，也给食品企业带来了挑战，需要企业不断整合技术资源创新产品以提高市场的主导力和竞争力。在激烈的市场竞争环境下，企业必须审时度势，不失时机地将新产品快速地推向市场，增强自身在市场中的抗风险能力，巩固在市场中的地位，才能更具有竞争力。因此，新产品开发已成为企业生存和发展的支柱，只有实施"生产-改进-研发"的产品开发战略才能保证企业不断前进。

（2）开发食品新产品是提高食品企业经济效益的重要手段。食品产品进入市场后，随着时间的推移，食品产品在市场上的销售及其获利情况会发生改变。在市场营销学中，产品从进入市场开始到被淘汰的这一过程被称为产品的市场生命周期。产品的市场生命周期理论推进企业不断创新和开发新产品。而食品新产品的开发有利于企业充分利用自身的资源和生产能力，提高劳动生产率，增加产量，降低成本，取得更好的经济效益，同时，开发的新产品的市场效益也直接关系到企业的利润。

（3）开发食品新产品是满足消费者需求的必然选择。科学技术的进步推动了人民生活水平的提高，从而加速了人们生活方式的改变。消费者对饮食的要求越来越高，食品色、香、味等多方面感官品质均受到了关注，功能性也成为食品新产品开发需要考虑的要素。因此，为满足消费者多方位的需求，企业需要从原料、加工工艺和技术等方面创新加速新产品的开发，不断推陈出新和开拓新的市场经营领域，如此才能满足现实和潜在不断变化的消费者需求。此外，为开发出更多满足市场需求的食品新产品，在食品新产品的开发过程中，食品新技术、新工艺、新加工设备等也被不断创新，推动了科学技术的发展，有利于食品产业向"智能、节能、环保、可持续"方向健康发展。

🔍 思考题

1. 谈谈你所了解的当前市场上的食品新产品。
2. 简述开发食品新产品的意义。

食品新产品开发流程

[学习目标]

1. 了解食品新产品设计的基本流程，掌握食品新产品设计的三个阶段。

2. 了解食品新产品试制的基本步骤，明确三个基本步骤的具体内容和目的。

3. 了解食品新产品推向市场的基本过程，掌握食品新产品开发的相关法律法规、标准。

食品新产品开发流程是指新产品的调研、设计、试制、投产，以更新或扩大产品品种的过程。食品的种类繁多，导致食品新产品开发策略存在差异化。食品新产品开发过程复杂，需要经历许多阶段，因此需要按照一定的流程开展工作，这些流程之间互相促进、互相制约，使产品开发工作协调、顺利地进行。新产品开发流程主要包括可行性分析与开发决策、新产品设计、新产品试制与评价和新产品市场化过程。一种新产品的成功面世往往需要反复论证与实验，在失败中不断积累与提升。完善的开发流程不仅有利于新产品研究和开发的管理，还能够提高新产品研发的时效性和效益。因此，本章从食品原料特性出发，紧密联系食品生产工艺，围绕产品可行性分析、创意构思、配方设计、工艺设计、新产品的试制与评价以及新产品市场化等方面，对完整的食品新产品开发流程展开阐述。

第一节　可行性分析

可行性分析是分析一个项目或新产品成功可能性的流程，一般可以从市场竞争、消费者需求、科学技术、政策法规、企业条件五个方面进行分析，其中科学技术是最为关键的因素。

一、市场竞争分析

面对同质化越来越严重的市场，赢得市场的核心手段之一是创新开发更具市场竞争力的产品。食品属于快速消费品，其产品周转周期短，进入市场的通路短而宽，消费速度较快。企业必须利用科技创新成果不断开发新产品，做到生产一代、改进一代、淘汰一代、研发一代、储备一代，才能在市场上持续立足。

为确定更具有市场竞争力的新产品，企业在进行新产品开发前必须进行细致、周密的市场调研，包括：①所属行业的发展状况、发展趋势、行业规则及行业管理措施；②该产品的市场容量、市场目前的份额分配、市场价格；③市场上是否有同类产品，竞争对手的数量与规模、分布与构成，所生产产品的优缺点及营销策略；④消费者对该产品的喜爱程度和需求量等；⑤市场中该产品的中长期需求，该产品是否被人们认同和接受，前景是否广阔等。

市场调研包括直接调研和间接调研两种形式。直接调研主要是根据市场（消费者）的需求，了解市场上竞争对手产品的品质、包装、性能、价位，对有求新求异观念的消费者进行充分调研，分析这些消费者对新产品的市场反应，包括已有产品在市场销售上存在的优劣势和消费者潜在的市场需求。间接调研主要是将市场业务员和经销商反馈的新产品信息进行汇总、整理，包括产品销量、市场占有率和消费者的反应。对调研得到的资料，应加以分析、鉴别和整理，使其达到准确、完整且实用。产品开发人员可以根据调研的结果有的放矢地制定开发决策。

二、消费者需求分析

随着生活水平的提高，人们对食品的要求不断提高，由吃饱求生存，到好吃求口味，吃好求健康，这是我们正在经历的"食物进化论"。食品不再仅是为了填饱肚子而存在，更是成为营养、健康、情绪、社交甚至标识个性的载体。例如，为了抓住年轻一代对"无糖""减糖"的诉求，企业将赤藓糖醇加入食品中代替蔗糖，开发了一系列无糖产品；随着牛乳、肉类等动物性食品的市场逐渐趋于饱和，以及健康、环保理念深入人心，企业顺势开发了一些比较热门的植物基食品，如植物奶、植物肉等；随着饮酒爱好者逐渐把健康作为消费的诉求之一，酒类饮料领域开始创新，将酒精和不同的饮料产品进行叠加和互相搭配，"酒精+"为饮料创新注入新灵感。

为清晰地了解消费者需求，在新产品开发前需要对消费者情况进行调研，调研内容主要包括：①了解消费群体，如消费者的数量、年龄范围、性别及主要地区分布等；②消费者对产品的总体接受和需求程度（含个性化需求）；③消费目的、消费心理、消费趋势；④消费形式。

对消费者的调研可以通过线下问卷调研、线上问卷调研、电话调研、访问调研等方式。在网络化时代，最经济、最具时效性的调研方法是在线问卷调研。

众多消费者分析报告显示，"'虚拟陪伴'+'潮流美感'"是"Z世代"（通常指1995—2009年出生的一代人）心理需求的核心。对包装颜值的偏好，通过消费完成身份认同和圈层融入，是部分年轻人群的消费理念。例如，定位高膳食纤维饮品的某品牌用"互联网+文创"思维做产品，其与众多网络名人联名推出的跨界多元风格包装深受年轻人喜爱。

三、科学技术分析

科学技术是满足人们需求和提高生活质量的第一生产力。食品新产品的开发需要食品科学理论与技术的支撑，而以科学为基础的研发创新能力是确保产品竞争力的基石。当今社会，科技发展迅速，加工技术装备高新化趋势明显。生命科学、信息技术等基础学科越来越多地应用于食品工业，各式各样的先进技术，如冷冻干燥技术、超滤技术、超高温瞬时杀菌技术、超高压处理技术、速冻技术等在食品工业中大放异彩。这些先进技术的快速发展为食品新产品的开发带来了无限可能。在新产品开发前需要充分了解是否已有相应生产技术来支持新产品开发。例如，为了满足消费者速食的需要，食品企业利用冷冻干燥技术生产制造出了多项成熟的食品新产品，包括冻干果蔬零食、冻干方便米粉、冻干面、冻干方便速食粥等。

四、政策法规分析

政策法规对于食品新产品的研发起到非常重要的引导作用。例如轻食代餐、减重膳食补充剂等市场的持续火热，一定程度上得益于"健康中国行动""全民健身计划"等国家政策，以及国民营养教育的持续推动。

食品直接影响着人们的身体健康，食品安全历来是人们关注的社会焦点之一。企业在进行新产品开发时，应当注意是否符合国家的政策法规。要注意食品新产品是否遵守《中华人民共和国食品安全法》《中华人民共和国产品质量法》《食品生产加工企业质量安全监督管理实施细则（试行）》《食品添加剂卫生管理办法》，以及各省和地方政府关于食品安全的规章和补充的食品安全法规体系等。同时，食品新产品的开发和生产还要遵守相关的国家标准、行业标准、地方标准或企业标准。

此外，为提高我国食品加工业发展水平，满足城乡居民日益增长的消费需求，鼓励食品企业进行新产品开发，我国出台了许多政策法规以提供方向和支持，例如，《健康中国行动（2019—2030年）》鼓励消费者减少蔗糖摄入量，倡导食品生产经营者使用食品安全国家标准允许使用的天然甜味物质和甜味剂取代蔗糖，鼓励企业进行"低糖"或"无糖"产品的生产，鼓励生产、销售低钠盐等。同时，各地政府也出台了一系列促进食品工业快速发展的文件，如《河北省人民政府关于推进食品工业加快发展的意见（冀政〔2014〕85号）》、四川省农业农村厅《关于进一步加强"川字号"农产品品牌培育创建工作的通知（川农发〔2021〕78号）》、《吉林省人民政府关于加快农产品加工业和食品产业发展的意见（吉政发〔2021〕6号）》等，都为食品企业的创新发展提供了政策指导和支持。

五、企业条件分析

新产品开发是企业研究与开发的重点内容，也是企业生存和发展的战略核心之一。企业开发新产品应考虑自身是否具备以下条件。

（一）人力条件

企业应配备相应的研发团队和开发管理团队。人是一切社会经济和科技活动的主体。企业开展产品开发必须具有一定数量和质量、结构合理的科技人员团队。研发人员应对食品研发有较深入的了解，熟悉食品原辅料特性以及相应的法律法规，掌握新食品开发技术或具有产品研发能力，熟悉相关食品生产流程与工艺要求，熟悉食品加工工艺及食品添加剂的使用，能对现有产品的技术进行改进，能够独立组织研发，有良好的团队合作精神。

此外，开发管理团队也是新产品开发成功的重要保证。开发管理人员负责管理开发计划实施过程，制定可行性研究、开发规划和营销方案等工作，这对节约企业资源和提高产品开发效率尤为重要。

（二）经济条件

企业应科学评估其财务承受能力。新产品开发是一项高风险和高投入的活动，不能盲目进行。研发经费是企业进行食品开发的重要条件，它决定着研发活动的空间规模和时间的持续性。企业可以通过争取政府拨款、企业自筹、接受委托的科技合同收入、银行贷款等多种途径，扩大产品开发资金来源。

（三）生产条件

新产品开发要经历小试、中试直至正式批量生产的过程。一定规模的试验场所是企业开展新产品开发必备的客观条件。企业需要具备相应的生产设备、加工条件、试验基地和场所等。技术装备水平是衡量企业生产开发能力的重要标准，企业是否具备新产品开发需要的技术设备也是决定产品开发是否成功的关键。总之，只有在人力、财力、物力上提供必要的条件，企业才能把握好产品的开发时机，做好技术储备，确保产品的先进性和市场竞争力。

第二节　食品新产品设计

新产品设计是一种依据前期调研状况，赋予产品适合特征的创造性活动。新产品设计阶段是新产品开发的关键环节，产品的早期设计阶段与产品成本紧密相关。因此，在设计产品时应综合考虑影响产品生命周期的各种因素，实现产品开发的高质量、低成本和短时间，增强企业的市场竞争力。食品新产品设计一般可分为创意构思、配方设计和工艺设计三个阶段。

一、创意构思

产品构思是富有创造性的思维活动，它是指为满足某种需要，将各种有价值的和有代表性的创意和设想加以综合分析，形成比较系统的新产品的概念。

新消费环境下，众多品牌在同一赛道中博弈，相互间比拼的不仅是产品创新力，还有对用户心智的渗透能力。在影响用户心智的因素中，场景设定尤其重要。用场景思维进行产品设计，不仅能在特定场景中找到用户的精准诉求，有助于提升产品的适配度，而且当产品与场景不匹配时，除了修订产品定位外，还有可能挖掘出被忽视或从未考虑过的新场景，创造出新的需求和市场。

如今，消费者面对各种新兴概念、营养成分、专业名词有时会不知所措，无从选择。从人们熟悉的生活场景出发进行构思，不失为让精心设计的概念被大众快速接受的一个好的切入点。以代餐产品为例，其围绕一日三餐的消费场景进行的开发设计。然而，随着人们饮食行为越来越碎片化、随意化，三餐之外的场景切入也就有了更多可能。如某营养保健食品品牌分别针对晨起后快速促排、好友聚会、静息状态、三餐间隙以及运动健身等场景展开推出了不同品类的体重管理补充剂。

（一）新产品创意构思的主要方法

新产品创意构思的主要方法有产品属性排列法、组合法和需求效用分析法。

1. 产品属性排列法

产品属性排列法强调设计者在食品新产品开发的过程中针对食品产品每项基本属性，包括安全特性、营养特性和感官特性（色、香、味、形）等，提出改良的构想。该方法的核心是将产品特性根据改良需求逐一排列，收集企业内外有关方面的创意构思，并研究这些特性是否可以改变，以及改变后对食品品质产生的影响。如许多食品制造企业为中国居民营养健康状况的改善持续作出努力，坚持"三减"，即减盐、减糖、减油，生产更多符合营养健康要求的新型食品。还有一些饮料制造商，在顺应消费者对饮料低甜度要求的同时，大胆尝试新口味，如添加姜、小豆蔻等香料或草本植物，赋予饮料新口味。

2. 组合法

组合法是根据不同的目的将各种不同的食品原料、不同的加工工艺、不同的功能特性、不同的产品等结合成一体的加工方法，是目前食品开发中应用较广的方法。

(1) 原料的组合　食品原料丰富多样，包括农产谷物、果蔬、肉蛋乳、食用菌等，不同类型的原料由于其加工特性、风味特征、营养成分等各不相同，可以利用它们相互组合开发具有特色的新食品。例如，利用不同的水果蔬菜混合加工成的果蔬汁饮料，所含维生素丰富全面；牛乳加果汁生产的果乳饮料风味独特；面包夹热狗、传统八宝粥（图2-1）等都是不同原料组合加工的例子。

(2) 加工工艺的组合　食品加工、保藏工艺手段多种多样，包括煎、炸、烹、炒、烧、烤、熏、蒸、冷冻、罐藏、腌渍、发酵等。根据食品的加工性能将这些加工工艺相互组合，能制造出别具一格的食品。例如，果蔬脆片是将果蔬脱水工艺与真空油炸脱水工艺相结合制作而成的产品（图2-2）。

图2-1　八宝粥

图2-2　果蔬脆片

(3) 不同功能特性的组合　食品的功能主要有营养功能和感官功能，有的食品还具有营养保健等调节功能。随着人们对食品品质、功能特性的要求越来越高，在食品开发过程中，可在食品本身具备感官功能和营养功能的基础上，进行创新组合，丰富食品营养保健功能，如添加低聚异麦芽糖的醋制品，添加二十二碳六烯酸（DHA）、牛磺酸和亚油酸等组分的乳粉备受消费者欢迎。

(4) 产品组合　该方法是将相互联系的产品或包装组合在一起而形成新产品的方法，如将咖啡、咖啡杯组合销售（图2-3），极大方便了消费者饮用该产品；果冻布丁的组合包装让消费者品尝到了不同风味；螺蛳粉和方便面将各类调料与面/粉制品搭配组合，让消费者即享美味。这种产品组合法在一定程度上对组合中的不同产品起到了促销作用。

3. 需求效用分析法

需求效用分析法是以目标客户需求为中心，通过调查研究确定食品新产品的方法。其目的是针对市场上已有产品，在食品属性方面进行适当改进形成新产品或系列食品，以满足市场不同层次的需求。例如，各种婴幼儿配方乳粉、中老年乳粉、学生乳粉、糖尿病患者专用乳粉等完全取代了以前清一色的全脂乳粉，虽然食用对象范围缩小，但产品总销量提高；人们印象中的巧克力是棕色方块糖果，为了满足更多年轻人的消费需求，巧克力增添了各种动物、人物、汽车等造型，也增加了奶油味、水果味等新口味。

图2-3　冷萃黑咖啡

（二）新产品构思创意的步骤

新产品构思创意包括三步，即搜集创意、提出构思和制定实施方案（图2-4）。具体而言，企业需要主动发现问题，根据搜集到的各种信息提出初步产品设想，并综合现有资源条件与产品发展趋势，提出具体的产品实施方案。值得注意的是，提出构思和制定实施方案这两步通常并不是直线形的，在二者中间还包含各种测试、反思、修改、完善和验证等过程。

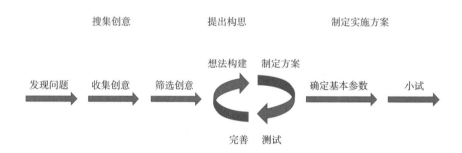

图2-4　新产品构思创意的基本步骤

1. 搜集创意

搜集创意是提出构思和制定实施方案的重要前提，在搜集创意时，首先应探寻消费活动中可以开发的、具有开发价值的问题。有效地发现问题，将需要解决的问题具体化、可视化，从而受到启发，产生和发展新的创意。创意的收集有多种途径，不同途径也可以交叉印证，从而更好地帮助产品研发人员找到灵感。具体可以从以下几个方向收集。

（1）收集消费者的想法　消费者是食品新产品构思最丰富的来源，由此产生的构思通常是关于产品改进或相关产品系列扩展方面。尽管消费者的构思只包括产品概念的三个主要方面，即需求、形式和技术加持，但这些不完整的构思仍然可以为企业产品研发指明方向。

（2）向优秀产品的公司学习　国内外有非常多的成熟企业与新秀企业，通过研究他们的成功产品的特点和经验，可以找到食品新产品创意点。通过了解竞争对手的开发方向，可以找出本企业的开发目标，构思出具体的产品创意。

（3）收集中间商、零售商的创意　中间商、零售商能直接与消费者交流，最了解消费者的需求。他们对食品的功能、性质、结构，特别是外观、包装、品牌都有比较深的了解，可以为产品的创意提出比较中肯的建议。

（4）从展会中学习　每年在世界各地都会举办很多食品行业展会，如德国科隆国际糖果及休闲食品展、美国食品科技协会展会（IFT）、日本东京国际食品及饮料展等均是各大食品配料和厂家云集的盛会。参加展会是发现创新元素、拓展新市场最有效的方式之一，是收集创意的良好机会。通过展会上的产品可以看到食品产业当下的热门趋势，发掘新品开发思路。

（5）从各种趋势调研报告中找方向　随着大数据的普及，天猫、京东等线上购物平台会结合平台销售数据出具不同品类销售分析报告，英敏特、尼尔森、易观、数字100等研究平台也会分享一些行业相关报告，可以通过这些报告寻找产品的创意点。

（6）其他方向　咨询顾问、广告代理人、营销调研企业、退休的产品开发专家、其他制造商、科研院所以及政府部门等均可以作为企业新产品构思的来源。

2. 提出构思

在从不同来源搜集产品创意后，应分析并提出新构思，研究和评估新构思的可行性，进行产品创意构建。在筛选产品创意时，首先要根据企业目标宗旨和现有资源条件评价市场机会的大小，从而淘汰企业无法实现或市场机会小的产品构思。新产品的开发必须与企业现有的生产条件、市场销售状况以及目标消费者需求相适应，为企业的长期发展考虑。接下来要对筛选的构思进行评价，得到企业能接受的产品构思。与此同时，此阶段还需补充新产品开发的知识，收集与新产品开发相关的资料，包括消费者需求、竞争产品、新产品开发技术信息与资料。

根据目标导向不同，新产品构思可分为以需求为导向和以创新为导向两类，具体如表2-1所示。

表2-1　　　　　　　　　　　　　　　新产品构思的分类

类别	维度	方法
以需求为导向	市场导向型	方便性导向
		营养健康导向
		经济合理导向
	消费趋势导向型	消费者需求层次导向
		消费者心理特征导向
		消费者性别、年龄差异导向
	产品用途扩展型	美容
		辅助减肥
		抗疲劳
		提高免疫力
		补充营养
以创新为导向	创造新型消费	改变消费习俗
		创造新型消费环境
		创新消费方式
	提高产品附加值	新造型艺术设计和包装
		新文化浪潮产品开发
		产品功能多元化
		现代化加工技术

（1）以需求为导向   此类设计方法是基于对现有市场和消费者需求的观察和理解，在设计之初就有比较明确的设计指标，设计过程以需求为导向。我国是食品消费大国，是世界上具有庞大人口规模的消费大市场，为满足社会需求，必须根据居民的饮食习惯、年龄、地域、人群等消费特点，以及食品原料的供应情况，开发和生产多样化、精细化和有营养价值的产品。观察我国食品生产大环境可以发现，生产适应我国食品消费特点的产品已经成为重要趋势。以需求为导向的新产品构思可细分为市场导向型、消费趋势导向型和产品用途扩展型三个维度。

①市场导向型：市场导向型新产品开发是立足于市场经济、融汇了市场经济规律的一种新产品开发方法。可行的市场导向型创意构思的提出对于开发适销对路的产品，以及革新经营活动具有事半功倍的效果。当前，在食品领域的市场导向型新产品开发可以考虑方便性导向、营养健康导向、经济合理导向等。

a. 方便性导向：消费市场对于烹饪方法更简单快捷的食品质量和数量的需求不断提高，方便食品已成为未来食品工业化发展的重要趋势之一。方便食品具有携带方便和食用便捷的特点，极大满足了当下快节奏的生活方式，同时也是军需、宇航、野外作业等行业发展的必然要求。以方便性为导向的新产品开发可从以下几个方面进行创意构思：一是方便食品营养的保留与强化。方便食品过多的加工与添加可能会导致方便食品营养品质的降低。发展符合营养科学要求的方便食品，是未来方便食品产业的必然趋势，例如，向软糖中加入多种维生素制备的维生素软糖，可使消费者在食用美味软糖的同时，补充每日所需的维生素，以达到均衡营养的目的。产品"天然化"也是近些年食品研发的热点，其特点为加工过程简单，可以最大程度保留食物原有的营养物质，减少非天然成分与不必要的添加物，使产品更趋向于"天然"。例如，开发不添加人工色素、糖料的天然果蔬饮料等。二是传统食品（菜肴）方便化。中国美食文化博大精深，传统的风味美食更是数不胜数，但是部分传统食品（菜肴）的制作工序复杂，耗时长，对技术与个人经验要求较高。若能将我国传统风味食品（菜肴）工业化与方便化，即可免去在厨房制作的烦琐操作步骤，消费者只需简单的操作就可享受到传统食品的美味，如企业可以尝试开发八宝饭、粽子、酸辣粉等传统食品以及"佛跳墙""叫花鸡"和"狮子头"等传统菜肴的方便食品。将中国传统食品（菜肴）融入方便食品规模化生产将成为未来方便食品发展的新契机。中国的传统饮食文化与食品机械化、工业化的发展相结合，不仅传承了我国的传统美食，还可以扩大产品的销售范围，提高知名度，使中国传统美食走向更广阔的市场。三是加工技术革新。国内外方便食品生产过程中采用的高新技术，主要体现在加工技术的先进性、新颖性和首创性三方面，而所采用的加工技术因方便食品种类不同而在本质上有所不同。如生产冲调类谷物粉时，引入超微粉碎技术可以提高产品的分散性、溶解性、营养吸收率，且可以使产品的香气和滋味更浓郁；生产方便米饭或方便粥等方便主食时，应用挤压膨化技术改善大米的复水性能；生产脱水蔬菜或果干时，利用真空冷冻干燥技术替代传统干燥方式，生产的产品具有较高的营养保留率、复水性以及更好的口感；用超高压技术对产品进行杀菌，可以更大程度地保持产品的质构、风味和营养价值。大力推动高新技术在方便食品中的应用进程，不仅可以提高产品技术附加值，还可以加速产业的转型升级，促进食品加工整体质量的提高，对推动方便食品工业生产的现代化具有重大意义。

b. 营养健康导向：我国食品生产正在从生存型能量供给类产品向营养健康型产品转型，营养健康型产品的开发已成为食品市场的主要发展方向之一。营养健康型产品开发必须以市场需求为导向，以政策、法规和标准为保障，以科技为支撑，坚持"营养指导消费，消费引导生产"，遵循"大食物、大营养、大健康"理念。营养健康导向的食品新产品开发可以从以下几方面进行构思：一是降低健康风险。国家卫生健康委员会在《全民健康生活方式行动（2016—2025年）》倡议书中提出"三减"口号，即减盐、减油、减糖，这是民众预防慢性非传染性疾病和促进健康的基础。此外，具有多种保健功能的高膳食纤维食品也将成为未来食品行业新的增长点。二是提升营养价值。适当加入营养强化剂来弥补膳食摄入不足和缺乏的营养素，可提高产品的营养价值。例如，对小麦粉进行营养强化，即向小麦粉中添加多种微量元素和矿物质，以进一步提高其食用品质，提升产品营养价值，满足人们对食品营养日常摄入的需求。我国小麦粉营养强化的推荐配方为"7+1"方案。"7"为基础配方，包括铁、锌、钙、维生素 B_1、维生素 B_2、叶酸、烟酸；"1"是维生素 A，为建议配方。例如，果蔬面条和五谷杂粮面条等营养强化型面条已经在市场上崭露头角。三是借鉴健康型膳食结构模式。以现代营养科学为依据，摒弃高能量、高脂肪、高蛋白、较低膳食纤维的饮食结构，汲取"地中海膳食"的饮食结构优点，即以蔬菜水果、鱼类、五谷杂粮、豆类和橄榄油为主，根据本国的膳食模式特点开发新产品。

　　c. 经济合理导向：食品的价格往往是消费者是否购买该产品的主导因素之一。对于大部分消费者来说，面对同一类型的产品，会更倾向于选择其中物美价廉的品种。因此经济合理导向的新产品开发要求开发者对新产品有一个合理的产品定位，以指导生产与最终定价。首先，企业需要分析产品的特点以及在同类产品中的优势，建立清晰的品牌定位。针对不同的市场定位，采取不同的产品研发思路与生产工艺。精准的品牌定位可以帮助企业在激烈的市场竞争中脱颖而出。然后，综合生产成本、产品特点以及市场定位，对新产品进行准确合理的定价。若产品面向中高端市场，产品定价高，企业可以在原生产条件与成本的基础上，从营养、功能性、包装与宣传等方面提升产品附加值，以促进消费，提高销售额。反之，若产品定位于低端市场，主打经济性，则开发者更需要考虑生产成本，可以适当选用更为经济的生产原料与生产技术，以此保障企业的利润。

　　②消费趋势导向型：消费趋势指顾客消费心理和消费行为模式的变化趋势。消费趋势的研究与消费市场、消费结构的研究以及新产品的开发都有密切的联系，并且对新产品开发具有重要影响。因此，了解现阶段消费趋势，对掌握新产品的研发方向有着重要的指导意义。消费趋势导向的新产品研发主要包括消费者需求层次导向、消费者心理特征导向和消费者性别、年龄差异导向。

　　a. 消费者需求层次导向：消费心理学的研究学者们做了大量关于消费者需求的研究，也提出了许多关于消费者需求分类的理论，其中最著名的是马斯洛需求层次理论（图2-5）。美国著名心理学家——亚伯拉罕·马斯洛将人的各种需求划分为生理需求、安全需求、社会需求、尊重需求和自我实现需求这五个层次。虽然关于人的五种需求层次并不能完全用于作为消费者的需求，但由于食品与人类的生活密不可分，当人们想要得到某一层次的需求时，相应地也会出现对应该层次食品的需求。i. 生理需求，一般来说所有的食品都具有满足生理需求的属性，而由于食品原料本身的成分以及后期的加工处理，又赋予了食品可满足其他需求的属性。ii. 安全需求，食品安全需求指食品无毒无害，对人体健康不造成任何急性、亚急性或者慢性危害，如"非转基因大豆油"的争议问题所关注的便是产品的安全性。iii. 社会需求，即感情和归属上的需求，包括亲情、爱情、友情、群体归属感和社会认同感等。此类需求表现在产品上，便是赋予产品一些有关社会需求方面的附加价值，例如，一些休闲食品产品被赋予"分享型""家庭装"等主题特色。ⅳ. 尊重需求，即内部自尊和外部个人能力和地位得到社会承认的需求，包括自尊心、自信心、能力、名誉和地位等各个方面。有此类需求的消费者对产品的选择更偏向于能够凸显其身份和地位，如国内"茅台""五粮液"等名酒品牌的一些产品就是面向此类消费者的需求。ⅴ. 自我实现需求，指最大程度地实现自我和充分发挥自己所能的需求，是最高层次的需求。能够满足消费者自我实现需求的产品，其附加价值要远超实物价值。

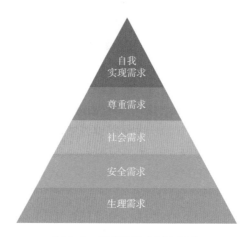

图 2-5　马斯洛需求层次理论

b. 消费者心理特征导向：随着 21 世纪经济、科技的飞速发展，人们的生活方式和消费方式日新月异，食品种类日益繁多，消费者的心理特征随着时代的进步也不断地改变。消费者的心理特征，大致可以分为以下六类。一是同步心理，同步心理是指某些消费者对产品的选择会受到他人的影响，消费行为方式会参考公众舆论或多数人，也可称为从众心理。消费者在不同地区、不同城市会有不同的消费观念的同步心理，他们往往会改变自己的生活或行为方式，融入当地的特色饮食文化。二是求实心理，求实心理是指消费者更加青睐实用或便捷的产品，具有求实心理的消费者更偏注重产品本身的功能，其次再考虑产品的外观、价格、品牌等方面的性质。三是求异心理，这是与从同步心理相反的一种心理特征，具有这种心理的消费者往往会对新型、奇特的产品充满兴趣。四是求美心理，即追求美的产品，有此心理的消费者往往会被精美的商品所吸引，这也是各类食品包装越来越精致、美观的原因之一。五是求名心理，具有这类心理的消费者通常是高收入或追求时尚的群体，他们希望借助名牌商品提高自己的社会地位和知名度，因此在购买产品时更趋向于名牌产品。六是习惯心理，具有习惯心理的消费者往往是凭借自己的消费习惯购买产品，主要体现在日常用品的购买中，如醋、酱油等一些家庭厨房常用的产品。

c. 消费者性别、年龄差异导向：一是消费者性别差异导向。消费者由于性别差异导致的消费行为的差异主要表现为消费种类、消费动机、消费行为三个方面。在食品种类的选择上，女性相对比男性更易于主动关注健康食品的信息，女性相对来说更喜欢购买休闲零食，而男性对零食的购买意愿相对较低，他们平时更喜欢碳酸饮料、茶饮料、酒精饮料等。此外，女性消费者更偏向于喜欢时尚、流行、外观精美的产品，例如，一些包装精美的糕点，男性消费者则更偏向于喜欢代表成功和地位的产品，更注重产品质量和品牌，例如，各种名酒。相对来说，男性在消费时更加注重产品本身，而女性除了对产品本身价值的关注外，对消费的过程往往也感兴趣，她们能从购物的过程中得到喜悦和满足。女性消费者在购买产品时往往表现出耐心好、爱观察比较、对新奇产品兴趣浓厚等行为；而男性消费者更加有目的性、计划性，购买过程也常常较为干脆、迅速。二是对不同年龄段消费群体进行划分，可分为少儿消费群体、青年消费群体、中老年消费群体三类。少儿消费群体具有很强的好奇心，他们追求产品色彩的生动、鲜艳，形状的新颖、独特。例如某些生产者将食品外形制作为卡通动物或人物形象，并附加鲜艳的颜色，使得产品整体看起来多彩、生动，满足了少儿对产品的色彩和奇特外形偏爱的心理。青年消费群体往往更加注重自己的社会地位、审美品位，希望被尊重、被认同，同时也希望自己的个性可以彰显，因此他们往往更倾向于购买那些彰显个性、表现自我的品牌产品，他们相比于其他年龄段的群体更能接受新事物以及发现和率先使用新型产品。以自热火锅、即食螺蛳粉等速食食品和奶茶、咖啡为代表的新兴网红食品，其购买主力就是青年消费群体。中老年消费群体更希望产品能够安全健康、方便经济，也就是求实心理愈发明显，目前保健食品已成为该类人群的日常消费需求。一些乳品企业面向中老年消费群体的产品正是基于此，这些企业会通过向产品中添加一些具有降血脂、降胆固醇等功能特性的营养成分，如鱼油等，来吸引消费者。由于观念差异，现阶段中老年人大多更倾向于在实体店购买产品。同时他们也养成了购买的行为惯性，即他们往往会购买相同品牌的产品以及传统的产品形式，对新型产品的兴致不高。

③产品用途扩展型：产品用途扩展型需要开发者对产品的本质深入剖析，利用其原有性质或对其进行一定加工创造出产品的新用途，并获得新的产品概念。可扩展的食品产品用途举例如下。

a. 美容：美容食品是指不仅能为人体生命活动提供能量，而且含有具有辅助调理脏腑、疏通经络、改善皮肤状态和延缓衰老等功能的成分，无任何毒副作用的食品。口服美容食品作为介于医疗美容和护肤之间的新兴消费方式，贴近中国传统"食补"观念，以高效、安全、低门槛的方式进行美容护肤保养。口服美容食品目前已不再拘泥于传统的胶囊、片剂、丸剂等，各种零食形态的产品受到了消费者的关注和喜爱，以饮品为基础的产品是继片剂、胶囊后最受欢迎的形式。

b. 辅助减肥：减肥食品，即具有辅助减肥作用的食品，是随着审美观念的改变衍生出来的一种能够达到辅助瘦身目的的食品。声称有辅助减肥作用的不同产品其作用机制也各不相同。大多数减肥食品遵循减肥的基本原则，也就是合理地辅助限制热量的摄入或增加热量的消耗，或二者兼顾。因此减肥食品一般都是高营养、低热量的。从限制热量的摄入方面切入开发减肥食品时，生产者可以从食物原料入手，采用低热量以及高膳食纤维的原料，如目前市场上常见的减肥食品的主要原料有魔芋、燕麦等。生产者还可以从减少体内脂肪合成或提高机体代谢等方面入手，开发可以帮助降低体内脂肪酸合成酶的活性，减少体内脂肪合成从而防止脂肪堆积的食品，如西洋参皂苷、海参皂苷和人参皂苷等都是有效的胰脂肪酶抑制剂。

c. 抗疲劳：抗疲劳食品的开发研究一直是热点，此类食品通常含有缓解疲劳的功能因子，包括天然抗氧化剂、皂苷类化合物、氨基酸和活性肽、二十八烷醇、l-肉碱、咖啡因等。抗疲劳食品最为常见的是能量饮料和运动饮料。

d. 提高免疫力：免疫调节功能食品是指可以增强机体对疾病的抵抗力、抗感染、抗肿瘤和维持机体生理平衡的食品。具有增强免疫力功能的功能食品种类很多，就其功能因子种类来说，基本包括营养强化剂（如蛋白质、维生素）、活性多糖、活性多肽、益生菌、大蒜素和茶多酚等生物活性物质。

e. 补充营养：随着时代的进步，营养素补充剂逐渐变成一种日常生活中所需的，能够改善身体状况的产品。目前市场上常见的含营养素补充剂的食品包括含有特定维生素的软糖、果冻、泡腾片，补充矿物质的胶囊、片剂以及复合饮料等。需要指出的是，营养素补充剂只能作为通过日常膳食摄入营养素不足时的补充，而不能代替平衡膳食。通过合理搭配日常膳食，获得平衡、合理的营养才是根本。除了健康人群的日常营养补充需要，还有一类人也需要营养补充，那就是特定疾病患者，而其食用的特定食品被统称为特殊膳食用食品，它的引入具有重要意义。特殊膳食用食品是指为满足特殊的身体或生理状况和（或）满足疾病、紊乱等状态下的特殊膳食需求，专门加工或配方的食品。这类食品的营养素和（或）其他营养成分的含量与可类比的普通食品有显著不同。

（2）以创新为导向　　该类设计方法以目标或潜在消费者为研发对象，一般缺少具体参照物，在设计之初没有明确的设计指标，设计过程以创新为导向，如考虑未来的商业大环境和客户隐性需求等。以创新为导向的新产品构思可细分为创造新型消费和提高产品附加值两个维度，其中，创造新型消费包括改变消费习俗、创造新型消费环境和方式，而提高产品附加值则从产品造型、包装、加工技术和产品功能几个方面进行创新。

①创造新型消费：创造新型消费是一种进攻型的产品构思，主动引导消费，包括改变消费习俗、创造新型消费环境和创新消费方式。创造新型消费有利于食品新产品的开发和快速融入市场，促进新型消费蓬勃发展，更好地满足差异化需求。

a. 改变消费习俗：消费习俗是指一种人类群体消费行为，是指人们在经历长期的消费活动、社会活动后形成的消费习俗，适合大部分人的心理和条件，具有群众性。从改变消费习俗着手开发食品新产品，应注重产品创新，满足人们的消费需求，包括消费习俗的深度挖掘和新消费习俗的创造，做到既传承又创新。首先是消费习俗的深度挖掘。食品生产者需重视对消费者需求的深度挖掘，创造出品类齐全、产品设计新颖等符合现代消费习俗需求的产品，包括创新产品外观、命名、包装、设计理念等。如中国传统的年夜饭，在过去，人们往往选择在家自制年夜饭，但在 2021 年春节期间，市场推出"小家庭年夜饭"，主要以热菜和半成品菜为主。半成品年夜饭既符合中国人吃年夜饭的习俗，又进一步丰富了产品形式、满足了当代人的消费需求。其次是新消费习俗的创造。食品新产品开发者必须全面洞察不同的消费需求甚至主动创造新的消费需求，从而创造新消费习俗，而新消费习俗的创造需要打破常规思维。如传统观念中，人们认为晚上 9 点以后进食是不健康的生活习惯，但是现在一些创新产品正在打破这个限制，瞄准夜间消费场景进行创新。如来自西班牙的某款果汁，营销卖点为适合在夜间饮用，其含有苹果汁、梨汁以及褪黑素，在满足消费者夜间饮食需求的同时，达到入睡前放松心情、调节情绪的目的。

b. 创造新型消费环境：消费环境是指对消费者在产生消费行为过程中有重要影响的主观和客观等因素。随着消费需求的多元化发展，找到或主动创造一个精准的消费环境对于食品开发来说是一个新的思路，只有抓住不同的细分场景，才能跟上当代中国不断变化的消费观念、生活方式以及正在崛起的年轻一代消费群体。由于一种食品在被设计时就被定位，被投放市场后便逐步地在消费者心中形成某种稳定的市场形象和使用环境，如果食品开发者有意识地改变产品的使用环境，并使人们在新环境里感到有新的需要，便可达到创造新型消费环境的目的。这里的新型环境主要指"不同的地点、不同的时间或不同的产品形象"。例如，当前一些新咖啡品牌已经不再局限于"第三空间"的社交场景，而是深入触达了办公场景、下午茶场景、健身场景、早餐场景等众多的消费场景。再如方便面行业，前些年出现行业整体下滑，但近几年高端方便面品牌销售额逐年增长，其主要原因是产品通过更丰富扎实的配料把人们对于方便面的观念从过去"低端、不健康、没营养"的应急食品向"口味好、营养健康、正餐化"的家庭日常食品转变。

食品新产品开发受到客观消费环境的影响，主要有以下几点。一是自然环境恶化促使绿色消费意识日趋增强，人们的消费行为向绿色化、生态化转变，因此食品新产品开发应切实把环境保护贯穿于产品开发、设计制造、包装、使用及服务等各环节，开发和生产符合人们心中绿色健康概念的食品。二是食品安全问题频繁出现的社会环境使消费者对食品卫生和安全的关注增加，不仅要求产品生产流程透明化，也希望有更多的突破性加工工艺应用在产品开发上。三是在网络经济时代，人们个性化消费需求差异大、产品的生命周期日益缩短、企业间竞争加剧、新产品的开发必须考虑可持续发展等，使食品生产者开发出成功的新产品的难度加大。在这样的环境下，利用技术革新进行品类创新是开发新产品的一个重要方法。如冻干技术的广泛应用使得拉面里的叉烧肉具有方便、保质期长和口感好的特点。四是各种政策法规也是影响食品新产品开发的因素之一。

c. 创新消费方式：消费方式是指消费主体占有消费资料所采取的方式、途径和形式。当前形势下，食品新产品开发可从以下几方面进行消费方式的创新。一是消费对象创新。消费对象创新即创新出与已有食品不同的消费对象。在新消费背景下，营养健康、方便快捷、情感连接等需求成为食品开发的新方向。在这些需求之下选择创新食品品类成为创新消费方式的一种，如植物基食品。植物基食品通常是指用植物源原料打造出来的新型食品，其核心是用植物蛋白代替动物蛋白。植物基食品在健康观念、环保观念以及市场需求增长三方面的推动下被市场逐渐接受。二是消费主体创新。消费主体包括各种不同类型的消费者或消费群体。食品市场复杂而又细微，新消费时代下消费需求不断调整，出现了对应不同消费需求的消费主体，明确未来的消费主体并针对性地开发新食品，是当前食品新产品开发的挑战。在过去，中国消费者的消费行为往往被限定在不同的群体中，例如，时装、护肤品或化妆品等属于女性专属的范畴，旅行、时尚产品是年轻人才会考虑的消费项目，保健品的消费主体是老年人等。如今，消费者行为及需求也在悄然发生着改变，如过去传统保健品的消费主体主要是老年人群体，但如今年轻人已成为当下最焦虑自身健康状况的群体，因而年轻人也逐渐成为"功能性食品"的新消费主体。从新的消费主体出发，对传统品类进行创新，以满足新消费者对功能、健康、情绪、生活方式的诉求，便有可能成为食品新产品开发的契机。三是消费形式创新。随着新经济背景下新能源、新材料等战略性新兴产业的迅速发展，环保型消费品层出不穷，这为我们贯彻生态环境保护与经济发展并行的国家战略提供了现实支撑，同时也激励着广大消费者主动放弃传统消费模式，转而寻求低污染、低耗能绿色消费替代品，践行可持续消费理念。例如，以不含防腐剂、无化学物质的养殖海藻为原料制成的可食用包装，赋予了食品新的消费方式。

②提高产品附加值：产品附加值也称为附加价值，是指在原有价值的基础上，通过生产过程中的有效劳动创造的新价值，即附加在产品原有价值上的新价值。随着生活水平的提高，人们对食品功能价值的要求也随之提高，主要体现在人们在追求食品食用价值的同时，还追求食品的外观、文化价值、营养及功能活性等，它们是食品附加值的重要组成部分。

a. 新造型艺术设计和包装：新造型艺术设计作为一种创造性行为，融合艺术、人体工程学、美学及工业技术于一体，经过精心设计后的产品不仅结构紧凑、美观、实用、合理，还可以满足不同层次及追求个性化的消费者的需要。艺术设计的作用表现为：一方面可以美化产品的外观，提高产品的魅力，提高产品的艺术价值；另一方面提高产品的知识、技术含量，拓展产品的功能，提高其使用价值。包装指的是在产品流通销售过程中为保护产品、便于运输、推动销售，依据各种技术手段，采用的材料、容器及相关辅助物等的统称。现如今，食品外部包装具有吸引消费者注意力、将产品推向市场的重要作用，因而外部包装设计成为能够完整呈现产品特色、向消费者传达产品信息的重要工作环节。因此，食品产业的发展需要重视包装设计，为不同商品设计特定包装。现代化食品行业发展的高标准需求不仅要求食品包装设计具有独特视觉艺术色彩与设计风格，还要在此基础上帮助消费者以最快速度了解相关食品整体信息，形成较为合理、统一的设计体系。此外，包装被开启后，通常作为废弃物丢弃，造成了资源浪费和环境污染。因此，现代包装设计要做到"物尽其用"，减少环境污染和资源浪费，如采用蛋白质或壳聚糖等材料研制的可食用包装。包装功能的多元化、多用途将会是包装设计创新的方向和发展趋势。

b. 新文化食品开发：食品文化包括品牌文化、传统文化、地域文化、流行文化等。例如，一些中式点心企业以弘扬中华传统文化为己任，将"中体西用"作为产品策略，汲取西式甜品精髓揉进传统中式糕点，开发出多款中式糕点爆品，如肉松小贝、蛋黄酥、麻薯等；某些企业推出"家庭装""分享装"形式的产品传递亲情和友情；许多酒类不仅酒味香醇，且满足了海外华人思乡恋祖的文化需求，因此享誉海外，受到众多海外华人的青睐；不同民族风味的食品可以满足不同的消费群体。此外，新文化食品应该融入环保、生态、运动、健康、营养、活力、时尚等流行元素。绿色食品、营养健康食品和方便食品逐渐成为主流。一是抓好绿色食品工程，大力开发生产无公害、无污染、安全优质且营养价值高的绿色食品，提高附加值。二是加快营养健康食品的研发，积极开发功能性食品，坚持以营养科学为导向，把食品的营养健康化作为发展的第一方向。三是抓住食品方便化大趋势，突出发展营养型方便食品，提高方便食品的质量和档次。

c. 产品功能多元化：产品的功能包括基本功能和附加功能。基本功能即产品的核心功能，是指产品对消费者的基本使用功能和对企业的盈利功能，包括产品的理化特性、感官品质、安全性、经济性等，是满足人们对该产品基本需要的部分。附加功能即产品的连带功能，指产品能为消费者提供各种附加体验和利益的功能，如营养价值和功能活性。随着社会的发展，人们对于食品的营养和健康需求不断增加，营养、健康的食品将是未来食品行业的发展方向。食品营养价值及功能活性的提高有利于提高食品的附加值。例如，益生菌具有调节肠道微生态平衡、维持心血管健康、提高免疫力等功效，基于益生菌发酵技术研发的新型发酵果蔬汁具有独特的口感和风味，且发酵过程会产生较多的营养物质，营养价值较高，在提高果汁品质的同时，还能改善肠道环境，提高功能活性。此外，对食品进行多元化深加工，在食品的基本功能上增加附加功能使食品实现多样化，也可以提高产品的附加值。例如，螺旋藻富含藻蓝蛋白等营养成分，可以鲜食；螺旋藻经过加工还可佐餐，加在面条、包子、炒饭、奶昔当中；从螺旋藻中提取的藻蓝素作为一种优质稀缺的天然色素，可作为食品添加剂；螺旋藻中的部分生物活性物质还可被开发为功能性食品和化妆品。

d. 现代化加工技术：企业要想提高产品的附加值和经济效益，就必须增加对产品的科技投入，不断采用新技术和新工艺，不断推进产品的更新换代，积极引导和推动发展技术含量高、附加值高的新型健康食品，保证食品安全、营养、风味多样，降低生产成本。食品质构调整技术、超微粉碎技术等现代化加工技术成为近年来食品工业关注的焦点。

3. 制定实施方案

制定实施方案阶段即新产品设计阶段，产品设计是指从确定产品设计任务书起到确定产品结构为止的一系列技术工作的准备和管理，是产品开发的重要环节，是产品生产过程的开始，需遵循"三段设计"程序。

（1）初步设计　这一阶段的主要工作是编制设计任务书，正确地确定产品最佳总体设计方案、设计依据、产品市场定位、生产基本参数及主要技术性能指标、关键技术解决办法，以及分析原料资源、比较新产品设计方案，运用价值工程，研究确定产品的合理性能，制定最佳方案等。设计任务书经上级批准后，可以作为新产品技术设计的依据。

（2）技术设计　技术设计是新产品的定型阶段。它是在初步设计的基础上完成设计过程中所必需的试验研究，包括写出试验研究大纲和试验研究报告；做出产品设计，包括产品的外观、尺寸和包装；对产品生产原料、工艺、设备等选择方案进行成本分析，并编制衡算分析报告；对技术任务书的内容进行审查和修正；对产品生产进行可行性分析。

（3）工作图设计　工作图设计是在技术设计的基础上完成供试制（生产）及随机出厂用的全部工作图样和设计文件。设计者设计绘制产品生产加工过程工作图必须严格遵守有关标准规程和指导性文件的规定。

二、配方设计

食品配方设计是生产的前提，在食品行业中占有重要地位。食品配方是食品新产品的重要参数，指的是组成食品的主要原料、辅料等在食品中的含量。食品配方设计是根据产品的特征属性和工艺要求，合理地选用原辅料、食品添加剂等，通过试验、优化、验证、评价，确定各种材料的用量配比关系，其技术的核心是生产工艺学。此阶段对于技术人员有以下几点要求。

（一）了解原辅料法规

在不同的配方里，根据不同性能指标的要求选择不同的原辅料十分重要。

原料是制作产品的基础，要想成功地设计一个配方，必须熟悉各种原料的特性、用途以及相关标准规范。目前已经出台了部分食品原料标准和食品原料贮存管理规范，如 GB/T 29372—2012《食用农产品保鲜贮藏管理规范》、GB/T 26432—2010《新鲜蔬菜贮藏与运输准则》、GB/T 29342—2012《肉制品生产管理规范》、GB/T 27302—2008《食品安全管理体系　速冻方便食品生产企业要求》、GB/T 27303—2008《食品安全管理体系　罐头食品生产企业要求》等。

辅料包括配料和添加剂。配料一般是指不包括食品主要原料（如米、面、糖、油）和食品添加剂，在食品中具有一定作用的可食用物质，在 T/CFAA 0002—2021《食品配料分类》中已有明确规定。食品添加剂是指为改善食品色、香、味等品质，以及为防腐、保鲜和加工工艺而加入食品中的人工合成或者天然物质。食品用香料、胶基糖果中的基础剂物质、食品工业用加工助剂也包括在内。目前食品添加剂的使用以 GB 2760—2014《食品安全国家标准　食品添加剂使用标准》为准，其中，食品用香料的使用以 GB 29938—2020《食品安全国家标准　食品用香料通则》为准，胶基糖果中基础剂物质的使用以 GB 1886.359—2022《食品安全国家标准　食品添加剂　胶基及其配料》为准。食品工业用加工助剂主要包括各类制糖助剂，例如，消泡剂以 QB/T 4089—2010《制糖工业助剂　消泡剂（聚甘油脂肪酸酯类）》、QB/T 4088—2010《制糖工业助剂　消泡剂（有机硅类）》等为准，杀菌剂以 QB/T 4091—2023《制糖工业助剂　杀菌剂（有机硫类）》为准，防锈剂以 QB/T 4090—2023《制糖工业助剂　防锈剂（非水溶性）》为准。不同的加工方法会使得同一辅料产生不同的性能。了解食品辅料的各种特性，例如，食品添加剂的复配性、安全性、稳定性、溶解性等，对于降低成本、改善食品品质、提高食品安全性等有重要的意义。

（二）确保产品配方与设备和工艺相适应

配方只有在合适的设备和工艺基础上，才能加工成为最终产品，因此，在设计食品配方时，企业应考虑现有设备和工艺，而对于资金充足的企业，不仅可以利用现有的设备和工艺，还可根据配方选购新设备，实现产品配方与设备和工艺相适应，从而达到产品设计最优化。

（三）分模块进行产品配方设计

食品作为商品除了应满足安全、营养以及具备色、香、味、形等基本需求外，还应具备耐贮藏性、方便性。基于此，食品配方设计结合自身工作特点可分为七大模块：主辅料设计、调色设计、调香设计、调味设计、质构改良设计、防腐保鲜设计和功能性设计。其中，主辅料设计主要是按照用量比例配置主体原辅料，形成食品最初的形态；调色、调香、调味及质构改良设计能使产品具备食品基本属性，即色、香、味、形；防腐保鲜设计的目的是延长产品保质期，实现产品的最佳经济效益；功能性设计是通过向食品中添加一种或多种营养素或其他包含天然食物成分的食品添加剂，以赋予食品特定功能，提高食品的营养价值。

食品新产品开发配方设计方法详见本书第三章。

三、工艺设计

食品工艺就是将原料加工成半成品和食品的所有工程和方法。食品工艺是与原料和产品联系在一起的，每种产品都有相应的工艺。将一种原料加工成产品，涉及采用具体的加工方法或单元操作以及它们的组合。根据不同的食品要求可以选用相应的单元操作，将这些单元操作中的某种或某些有机且合理地组合起来的加工步骤就是一个完整的食品加工工艺流程。

食品工艺设计是食品新产品设计的最后一步，也是整个产品设计的核心主体与中心部分。食品工艺设计与终产品的成本和质量有着密切联系，关系到产品开发的创新性与合理性。

食品工艺设计包括设计各类食品的工业生产过程以及过程中每个环节的具体方法，如设计焙烤食品、罐藏食品、干燥食品、发酵食品、腌渍食品、冷冻食品等的加工方法。要完整介绍某种食品的加工工艺，既要包括其使用的主要加工单元操作的基本原理，又要包括针对具体产品原辅料、产品特点的工艺条件和生产过程。针对不同食品加工工艺的设计，读者可以参阅《食品工艺学》（夏文水主编）以及各类食品审查细则。

 拓展阅读

食品企业如何进行新产品研发试产流程？

第三节 食品新产品试制与评价

食品新产品的试制过程基本上包括三个步骤：第一步是进行实验室试验，即"小试"，主要目的是开发和优化方法；第二步是"中试"，主要目的是使用和验证方法，即根据实验室效果进行放大。在中试成功后可以进行第三步"试生产"，试生产获得成功后，可转入正式生产。

一、小试

小试是根据前期的配方设计和工艺设计，在实验室条件下进行生产的过程。小试过程对于设备的要求并不严格，有些是可以用同类型器件代替的，特点是规模很小，易于操作，通过此过程可得到相应的工艺参数和理论依据，目的是验证前期各项设计的合理性，为中试生产做准备。

小试完成后，应进行小试鉴定与评价，包括检查生产工艺文件的完整性、设备的齐全性并检查产品质量、劳动生产率和材料消耗定额的稳定程度。根据小试鉴定评价的结果，进一步修改和补充产品配方和工艺，补充和调整工艺装备以及调整生产设备和劳动组织等。

小试完成并制成样品后，通常由研发部门组织市场、技术、行政、生产等部门人员进行评价，必要时还可组织部分消费者进行评价，并对新产品的有关技术和感官质量等指标进行检验，评估是否达到设计预期。新产品小试完成后，企业相关项目组负责人应整理有关资料，撰写小试报告。

二、中试

中试是指为了使研究成果产业化、减少转化风险、提高转化率而进行的批量放大试生产的过程。中试放大生产规模一般不小于商业化生产规模的十分之一，且使用既有生产设备时，装载系数应不低于设备的最小装载系数。中试一般为 3~5 批。其目的是除了对小试结果进行放大性试验外，还要对配方设计、生产工艺、生产条件、设备适应性及检验方法等进行验证，使生产过程更好地与相关加工工艺技术匹配，与生产实际相符合，从而使其顺利地应用到生产中。

（一）中试方案制定

新产品中试应首先制定中试方案。中试方案应以小试数据和小试参数为依据，内容包括中试时间、地点、人员、生产工艺描述、关键参数设置、设备要求、原材料规格等。中试分为三个小阶段。

（1）小量中试 初步验证可生产性，可能包含一次或数次生产，直到无食品安全问题隐患以及食品感官达到实验室生产水平为止。

（2）放量中试 主要验证设计遗留问题以及批量可生产性，直到无重大可生产性问题为止。

（3）小批量生产 主要对相关生产文件、国家标准或企业标准等进行全面验证，以可生产性验证为主，直到生产质量管理成本、合格率达到企业目标为止。

（二）中试放大内容

中试放大过程应包括以下内容：①列出所用原材料、各种辅料、包材的规格或标准，明确中试时产品的工艺流程、配方；②起草生产工艺规程，明确中试的生产步骤、工艺参数、投料次序和各步骤操作规程；③确定中试采用的包装方式和包装规格；④规定中试生产的设备规模和设备规格型号；⑤确定中试过程的取样方案；⑥确定生产物料、产品、中间产品的质量标准和分析方法；⑦起草中试批生产与批检验记录；⑧中试方案确定后对参与中试准备、中试生产和检验的所有人员进行培训。

（三）中试过程管理

中试过程管理应包含以下内容：①中试应按照正式生产同样的要求填写批生产记录，批生产记录中应集合相关的检验报告书；②中试应按照规定的取样方案进行取样、检验，并形成检验记录和报告。

（四）中试评价

中试结束后应形成中试报告，中试报告应对中试过程和结果进行全面的评价，包括以下几个方面：①对关键工艺参数变动范围与食品质量的影响关系作出评价和结论，例如，对实验室工艺经中试放大后是否可行，配方和工艺参数是否合理，工艺是否存在需要调整和完善之处等进行评价；②对生产所用到的所有原材料、辅料种类和质量指标是否能满足相关生产文件、国家标准或企业标准等要求，生产过程的工艺指标设定是否合适进行评价；③对设备选型和设备能力的适用性进行评价；④根据原材料、动力消耗和工时等进行初步的技术经济指标核算；⑤提出工艺安全要求和"三废"处理方案；⑥对新产品中试生产所用的工艺规程、操作规程及记录，尤其是对小试报告中提出的建议进行修订与完善。

中试完成后，企业可将中试试制达到设计要求的样品按国家有关规定送交省、市防疫站或质量监督检验所或第三方机构进行检测。例如，属于保健食品的新产品应按保健食品相关管理要求送至相关部门进行成分分析、毒理学安全试验、保健功能试验等。然后，项目负责人完成原辅材料标准、产品配方、生产工艺规程、产品质量标准等文件的制定，并撰写中试总结报告。

三、试生产

试生产阶段是从小试、中试到工业化生产必经的过渡环节。产品批量生产前，安排使用所有正式生产工装、过程、装置、环境、设施和周期来生产适当的小批数量产品，以验证产品设计的合理性和产品的可制造性。

试生产可以检验产品和流程，并在大规模正式生产之前对产品和流程做出改进，提高效率，且可以发现潜在的问题并予以纠正。从实验室研发到工业化生产过程不是简单的放大，因为经常发现在小试、中试中效果很好的产品，到生产现场进行试生产时，产品状况远非设想的状态，所以需要对研发过程中试与试生产结果的差异因素及时进行分析和评价，包括原辅料因素、设备加工因素和工艺因素等。

（一）原辅料因素

试生产和中试所用原料的品质可能存在差异。对于原料的选择，由于中试用量较少，所以预处理比较精细；但是在试生产实践中，加工量大，受原料来源及数量的影响，品质差异会很大。

（二）设备加工因素

设备加工因素主要包括设备参数因素和设备规模因素。中试生产线多为模仿生产设备制造的，所以在设备的参数方面会存在一定差异。中试生产线的设备规模往往小于正式生产用的加工设备规模，设备规模不同，其气密性、搅拌效果等都会产生差异。此外，中试的操作和试生产操作的投料精准程度会有较大差异。中试时，需要的称样量少，计量设备精准程度高，操作精细，而试生产中的计量设备精度相对较低，称样量大，所投物料的相对比例会略有差异。

（三）工艺因素

试生产与中试的工艺参数无法做到完全等同，可能导致产品品质存在较大差异。以面粉加工为例，试生产与中试过程中的研磨参数（齿形角、斜度、齿顶等）和筛理参数（筛网孔径配置、辅助清理配置和回转半径参数等）等无法做到完全相同，从而使产品品质存在差异。

试生产是否成功，主要看下列各项内容是否达到了预期的目标和要求：①试生产产品技术性能和质量；②试生产产品的生产能力；③试生产产品的消耗定额；④环境保护的落实。

试生产成功后，产品便可进入试销售等环节。

 拓展阅读

食品开发控制程序

第四节　食品新产品市场化过程

对于一款食品新产品，在正式生产、投放市场之前，往往需要申报产品企业标准，办理食品生产许可证或为食品生产许可证进行增项，进行试销售，根据成本核算确定产品价格等。

一、产品企业标准申报

《中华人民共和国标准化法》第十七条规定：企业生产的产品没有国家标准、行业标准和地方标准的，应当制定相应的企业标准，作为组织生产的依据。对已有国家标准、行业标准或地方标准的，鼓励企业制定严于国家标准、行业标准或者地方标准要求的企业标准，在企业内部适用。食品企业标准是由食品企业制定，由企业法人代表或法人代表授权的主管领导批准、发布，按省、自治区或直辖市人民政府的规定进行备案，由企业法人代表授权的部门统一管理的食品标准。企业标准一般以"Q/企业代号　四位顺序号　S—年号"的形式命名。

企业产品标准应在发布后30d内向当地政府标准化行政主管部门备案；受理备案的部门发现备案的企业产品标准违反有关法律法规和强制性标准规定时，有权责令申报备案的企业予以改正或停止实施。目前企业标准的备案工作主要在各省、自治区或直辖市的卫生健康委员会开展。

二、食品生产许可证办理

《中华人民共和国食品安全法》第三十五条规定，"国家对食品生产经营实行许可制度。从事食品生产、食品销售、餐饮服务，应当依法取得许可。但是，销售食用农产品和仅销售预包装食品的，不需要取得许可。""县级以上地方人民政府食品安全监督管理部门应当依照《中华人民共和国行政许可法》的规定，审核申请人提交的本法第三十三条第一款第一项至第四项规定要求的相关资料，必要时对申请人的生产经营场所进行现场核查；对符合规定条件的，准予许可；对不符合规定条件的，不予许可并书面说明理由。"

《中华人民共和国食品安全法》还规定，"未取得食品生产经营许可从事食品生产经营活动，或者未取得食品添加剂生产许可从事食品添加剂生产活动的，由县级以上人民政府食品药品监督管理部门没收违法所得和违法生产经营的食品、食品添加剂以及用于违法生产经营的工具、设备、原料等物品；违法生产经营的食品、食品添加剂货值金额不足一万元的，并处五万元以上十万元以下罚款；货值金额一万元以上的，并处货值金额十倍以上二十倍以下罚款。"

目前，生产许可证的办理材料申请在全国各省市基本已经实现了网上办理，具体办理流程参照当地生产许可证办理指南进行。

三、新产品试销售

试销售是指在产品全面上市前选择某一区域市场进行测试以估计其未来销售情形，试销售的结果通常可以用来做更可靠的销售和利润预测。例如，某公司基于对鸡蛋白发酵工艺的长期研究，开发了乳酸菌发酵的鸡蛋白，并且加工成易于饮用的鸡蛋白饮料，该产品推出时在部分地区的体育俱乐部中进行试销售，因其广受好评而开始扩大销售。进行新产品试销售之前一般需要考虑决定是否进行试销售、试销售市场的选择、试销售过程的控制、试销售信息资料的收集与分析，最终决定新产品命运。试销售的主要流程如图2-6所示。

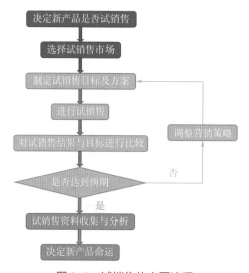

图2-6　试销售的主要流程

四、产品成本核算与定价

（一）产品成本核算

1. 产品成本核算的定义与内容

产品成本核算是将一定时期内企业生产经营过程中发生的费用，按其性质和发生地点，分类归集、汇总、核算，计算出该时期内生产经营费用发生总额，以及分别计算出每种产品的实际成本和单位成本的管理活动。

成本核算的内容应包括：①直接材料费用，包括食品的包装材料及设计费用；②直接生产费用，包括燃料和动力、直接人工费用等；③流通费用及营销费用，包括物流及广告费用。

2. 产品成本核算的原则与要求

成本核算应遵循合法性、可靠性、相关性、一致性和重要性、分期核算制、权责发生制、实际成本计价制等制度。

要做好成本核算工作，需要落实以下几点：①建立健全原始记录；②建立并严格执行材料的计量、检验、领发料、盘点、退库等制度；③建立健全原材料、动力、工时等消耗定额；④严格遵守各项制度规定，并根据具体情况确定成本核算的组织方式。

3. 产品成本核算的作用与意义

通过成本核算，可以检查、监督和考核预算和成本计划的执行情况，反映成本水平，对成本控制的绩效以及成本管理水平进行检查和测量，评价成本管理体系的有效性，以及达到降低成本的目的。因此，在新产品开发中正确、及时地进行成本核算，对企业开展增产节约行动和实现高产、优质、低消耗目标具有重要意义。

（二）产品定价方法

产品定价方法是指企业为实现其定价目标在定价方面采取的谋略和措施。它是指导企业正确定价的行动准则，也是直接为实现定价目标服务的，由于企业生产经营的产品和销售渠道以及所处的市场状况等条件各不相同，因此应采取不同的定价方法。产品定价方法可分为成本导向定价法、需求导向定价法和竞争导向定价法。

1. 成本导向定价法

成本导向定价法是一种最简单的定价方法，即在产品单位成本的基础上，加上预期利润作为产品的销售价格。成本导向定价法又可以分为成本加成定价法、目标利润定价法、边际利润定价法以及损益平衡定价法。

（1）成本加成定价法　是按照单位完全成本加上一定百分比的加成来制定产品销售价格的方法。加成定价法具有计算简单、简便易行的优点。在正常情况下，按此方法定价可使公司获得预期盈利。但该种定价方法忽视了市场竞争和供求状况的影响，缺乏灵活性，可能难以适应市场竞争的变化形势。

（2）目标利润定价法　又称目标收益定价法和目标回报定价法，是根据企业预期的总销售量与总成本，确定一个目标利润率的定价方法。目标利润定价法的优势是可以预测价格与需求量之间的关系，并利用损益平衡分析来制定合适的价格。若不符合利润目标，则尝试调整成本或价格，预测新的需求量，以确定是否有更合适的价格。

（3）边际利润定价法　也称边际成本定价法和变动成本定价法，即企业以单位产品的边际成本为基础的定价方法。该定价方法易于各产品之间合理分摊可变成本，可以很好地解决固定成本的分摊，根据各种产品边际利润的大小，安排企业的产品线，易于实现最佳产品销售组合。

（4）损益平衡定价法　也称收支平衡定价法，是以盈亏平衡即企业总成本与销售收入保持平衡为原则制定价格的一种方法。该定价方法比较简便，单位产品的平均成本即为价格，能保证总成本的实现，且侧重于保本经营。但这种分析方法要求产品单一，并把所有不同的收入和不同的成本都集中在两条线上表现出来，难以精确地描述实际工作中可能出现的各种具体情况，从而影响到这一分析的精确性，只能粗略地对变量因素进行分析。因此，要获得较为精确的评价结果，常配合其他评价方法进行综合分析。

2. 需求导向定价法

需求导向定价法一般是以该产品的历史价格为基础，根据市场需求变化情况，在一定的幅度内变动价格，以致同一商品可以按两种或两种以上价格销售。产品的这种差价可以根据消费者的购买能力、对产品的需求情况、时间、地点等因素而采用不同的形式。需求导向定价法又可以分为理解价值定价法和需求差异定价法。

（1）理解价值定价法　也称觉察价值定价法，是以消费者对商品价值的感受及理解程度作为定价的基本依据。将买方的价值判断与卖方的成本费用相比较，定价时更应侧重考虑前者。因为消费者购买商品时总会在同类商品之间进行比较，选购那些既能满足其消费需要，又符合其支付标准的商品。消费者对商品价值的理解不同，会形成不同的价格限度。

（2）需求差异定价法　需求差异定价法是以不同时间、地点、商品及不同消费者的消费需求强度差异为定价的基本依据，针对每种差异决定其在基础价格上是加价还是减价。实行差异定价要具备以下条件：①市场能够根据需求强度的不同进行细分；②细分后的市场在一定时期内相对独立，互不干扰；③高价市场中不能有低价竞争者；④价格差异适度，不会引起消费者的反感。

3. 竞争导向定价法

竞争导向定价法是指企业对同类竞品的价格保持密切关注，以同类竞品的价格作为自己产品定价的主要依据。当然，这并不意味着保持一致，而是指企业可以根据其竞品定价制定出高于、低于或相同的价格。在竞争十分激烈的市场上，企业通过研究竞争对手的生产条件、服务状况、价格水平等因素，依据自身的竞争实力，参考成本和供求状况来确定商品价格。竞争导向定价法主要包括随行就市定价法和产品差别定价法。

（1）随行就市定价法　在垄断竞争和完全竞争的市场结构条件下，任何一家企业都无法凭借自己的实力而在市场上取得绝对的优势，为了避免竞争特别是价格竞争带来的损失，大多数企业都采用随行就市定价法，即将本企业某产品的价格保持在市场平均价格水平上，利用这样的价格来获得平均报酬。例如，A品牌推出首款绿茶饮品，一年之后B品牌推出了口感和包装类似的产品。为了抢占市场，B品牌的绿茶给出了更低的定价。

（2）产品差别定价法　产品差别定价法是指企业或品牌通过不同营销手段，使同种同质的产品在消费者心目中树立起不同的产品形象，进而根据自身特点，选取低于或高于竞争者的价格作为本企业产品价格。例如，采用新包装让产品看起来更加高端，或对产品进行升级，通过差异化卖点凸显产品的价值，让消费者为差异化特征买单。由此可见，产品差别定价法是一种略显进攻性的定价方法。

思考题

1. 食品新产品可行性报告应当从哪些方面进行分析?
2. 食品新产品设计的构思方法主要有哪些?
3. 食品新产品开发如何完成市场化过程?

拓展阅读

新产品开发、上市工作流程

第三章

食品新产品开发配方设计

[学习目标]

1. 了解食品的属性，掌握食品配方设计的原则和内容。
2. 了解食用色素在食品中的主要应用，掌握常见色素的类型。
3. 了解食品防腐保藏设计的目的和意义，掌握防腐剂的实际应用方法。
4. 了解功能因子的种类和作用，掌握药食两用资源的应用方法。

　　随着我国国民经济的发展和居民消费的多样化，食品消费的总量不断增加，食品消费的档次和结构也发生着较大变化。市场竞争迫使企业需要不断进行新产品研发，即使是既有的产品也需要与时俱进地对配方进行调整和改进。食品新产品开发配方设计是生产的基础，优质的新产品首先要有科学合理的配方，所以在新产品开发及生产加工过程中，产品配方设计占有重要的地位。产品配方设计就是把主体原料和各种辅料配合在一起，组成多组分体系，其中每一个组分都起到一定的作用。本章从食品属性出发，在概述食品配方设计原则的基础上，将新产品开发配方设计分为 7 个步骤：主辅料设计、调色设计、调香设计、调味设计、质构改良设计、防腐保鲜设计和功能性设计，从设计原理、原料选择和设计举例等方面入手，对每一设计步骤进行详细概述。

第一节　食品配方设计概述

　　食品，是由色泽、香气、口味、形态、营养、安全等诸多因素所组成。食品配方设计需要根据产品的性能要求和工艺条件，通过试验、优化、评价，合理地选用原辅料，并确定各种原辅料的用量配比关系。因此，在进行新产品配方设计时，要对新产品属性，包括色、香、味、外观、组织状态、包装形式和营养等进行定位。

一、食品的属性

食品是将食物原料经过不同的设计和加工处理，形成形态、风味、营养价值不同及花色各异的加工产品，通常认为食品应具有以下几种属性。

1. 感官性

感官性，也称为愉悦功能，是指食品在摄取过程中能满足人们不同的嗜好要求，即对食物色、香、味、形和质地的要求，包括视觉感受到的食品的颜色和形状，味觉感受到的食品的味道，嗅觉感受到的食品散发出的香气，以及牙齿咀嚼食品感觉到的质感、温度感等，同时也应满足人体饱腹的要求。食品的颜色、香气、滋味和造型对调节食物的口感和品质及消费者的食欲起着十分重要的作用。消费者对食品的感官体验，随个人的需求、经验、习惯、认知等不同而异。

2. 营养性

营养性，也称为营养功能，即食品摄入人体后经消化，各类营养物质在体内处于动态平衡过程，人体从中摄取赖以生存的物质，它是食品的主要功能。食品营养价值的高低，主要根据以下几方面进行评价：食品所含热能和营养素的量、食品中各种营养素的人体消化率、食品所含各种营养素在人体内的生物利用率、食品的营养质量指数［即营养素密度（该食物所含某营养素占供给量的比）与能量密度（该食物所含热量占供给量的比）之比］等。

3. 安全性

食品安全，指食品无毒、无害，符合应有的营养要求，对人体健康不造成任何急性、亚急性或慢性危害。食品安全关系人民群众身体健康和生命安全，关系中华民族的未来，消费者在选择食品时也越来越关注食品的安全性。

4. 功能性

产品的功能一般分为基本功能和特定功能两方面。基本功能是指产品能满足人们某种需要的物质属性，食品的色、香、味、形等即为基本功能，同时食品能满足人体饱腹的要求。特定功能则是在具备基本功能的基础上，附加的特殊的新功能。在大健康趋势下，消费者的健康意识大幅提升，对食品的功能性提出了更高的要求。

二、食品配方设计的原则

食品配方设计是食品生产中的重要环节之一，配方设计必须以满足市场消费者的需求为出发点，以提高产品质量为前提，以原辅料的实际状况为依据。因此在设计配方的过程中，第一要深入调查了解消费者的需求，使改良或新制的产品适合市场需求；第二要认真分析研究现有产品和历史产品的品种、质量和价格状况，有的放矢地发掘、改进和创新产品；第三，在制定设计配方时，不仅要掌握原料、辅料的品种、数量和质量状况，还需掌握其性能、作用、特点、营养成分和功能；第四，配方设计还要考虑制作工艺、制作流程、产品口味、产品形状、产品色泽等要求。在进行配方设计之前应考虑以下八个基本原则。

（一）符合可靠性要求

近年来，随着全球食品安全问题的凸显，我国对食品安全的规定也越来越透明，越来越法治化。科学合理的配方设计，应该严格按照国家、行业有关产品和相关原辅料法规规定，必须注重原料的安全性，对于国家禁用的原料，配方中坚决不能采用，以确保产品的安全性。以焙烤食品来说，在配方设计时应严格按照食品添加剂使用标准去使用酸度调节剂、抗氧化剂、着色剂、增味剂、水分保持剂、防腐剂、甜味剂、增稠剂、乳化剂、膨松剂、营养强化剂等；它们之间的比例、搭配以及焙烤食品原料（面粉、糖、水、蛋、乳、油脂、果脯等）也要遵循营养、安全、卫生、健康、实用这些原则来应用。

（二）符合经济性要求

配方设计要实现经济最大化，设计过程中须考虑原料成本、运输费用、培训学习成本、加工成本、销售成本，为了降低各个环节的成本，要从源头上设计具有经济性的配方。配方设计应首先充分利用当地原料，提倡原料基地化生产。

（三）符合设备和工艺要求

配方设计要根据现有的设备和工艺的特点组配原料。如焙烤食品馅料，有些原料营养性较高，且可以确保其安全性，但受自身物理特性所限，需要经过特殊加工才能作为馅料成分。如果不具备加工该类物料的设备或工序，就不能将其列入配方中，应优先考虑用其他原料替换。

（四）符合产品个性化要求

目前，市场上的食品种类繁多，风味各异。在配方设计上更要注重创新和突破，以突出产品特色为目标。例如，月饼按照产地可以分为广式月饼、苏式月饼、京式月饼、徽式月饼、秦式月饼、晋式月饼等，为了突出地方特色，不同月饼在加工中使用的原料、馅料和加工工艺等都存在一定的差异。

（五）符合不同群体要求

配方设计除了要考虑产品的风味，对消费者的生理状态（年龄、健康情况）、所在地区、宗教信仰、风俗习惯、饮食习惯、嗜好、职业等因素也需要加以考虑。如高血压患者的食品配方设计应控制食盐的添加量；1周岁以内的婴儿食品配方设计不能添加色素；运动员食品配方设计应富含维生素等。

（六）符合企业地域要求

企业所处的地域有时会对企业产品的开发和市场定位起到重要影响，如清真食品、民族食品、南方食品、北方食品等都是极具地域特色的食品。每个企业对市场的定位不同，因而对配方的设计也不同。某咖啡品牌在入驻日本市场25周年之际，开发推出代表日本47个都道府县风味的47个品类系列产品，且仅在当地销售。"47 JIMOTO 星冰乐"每一款产品都是受到该地区独特的魅力所启发，从使用的原料、概念、口味、颜色到造型，无一不在传达这个地区的独一无二。这极大激起了消费者好奇心，吸引消费者纷纷参与打卡、测评和互动反馈，因此该系列产品迅速传播并引起热烈反响。在如今追求"限定"的新风潮下，该品牌的地域限定给了食品配方设计者一个良好的示范案例和参考思路。

（七）符合配方平衡原则

配方设计的平衡要素包括"干湿平衡"和"强弱平衡"。干湿平衡是指湿性原料和干性原料的科学合理搭配，以取得产品的最佳状态；强弱平衡是指强性原料与弱性原料之间的平衡。强性原料由于含有高分子蛋白质而具有形成及强化制品结构的作用，而弱性原料是低分子成分，不能形成产品骨架，且具有减弱或分散产品结构的作用，因此弱性原料需要强性原料来携带，当配方中增加强性原料时，应相对增加弱性原料来平衡，反之亦然。对于焙烤食品来说，主要考虑的问题是油脂和糖对面粉的平衡，例如，酥性制品中油脂越多，起酥性越好，但油脂量一般不超过面粉量，否则会过于酥散不成型；若酥性制品中油脂量较少，则会影响气泡结构的稳定性及制品的弹性。在不影响品质的前提下，根据甜味需要可适当调节糖的用量。

（八）符合食品系统原则

配方设计的系统性主要是指对制作产品的主料、辅料的品种、数量、质量以及加工技术等的全面掌握。配方是制作产品的依据，也是保证产品质量的核心。如在糕点投产之前必须确定好配方，并熟悉和掌握产品配方及相关的焙烤系统知识。

在这里还要强调的是，以上只是在食品配方设计过程中需要考虑的重要原则，在这些原则的指导下，才能设计出达到要求的新产品配方，但配方设计只是第一步，要想真正得到符合要求的新产品，还需要相应的加工技术的支持。

三、食品配方设计的内容

设计新配方开发新食品，对企业来说至关重要。食品配方设计一般包括以下内容。

（一）主辅料设计

主辅料设计是新产品配方设计的基础，对整个配方的设计起到导向作用。它是根据各种食品的类别和要求，对主体原料进行选择和配置，以形成产品最初的形态。在实际设计过程中，应先设定主体原料的添加量，在此基础上确定其他辅料的添加量。主辅料应符合卫生性、安全性、易消化性，具有营养功能和良好风味等要求。

（二）调色设计

食品讲究色、香、味、形。色，即食品的色泽，其作为食品质量指标越来越受到食品开发者、生产厂商和消费者的重视。调色设计在食品加工制造中发挥着重要作用。在调色设计中，应严格按照相关规定使用着色剂，并根据食品的物性、加工工艺、销售区域和民族习惯等来选择适当的添加形式、拼色形式和颜色等。

（三）调香设计

调香设计是将芳香物质相互搭配在一起，由于各呈香成分的挥发性不同而呈阶段性挥发，香气类型不断变换，有次序地刺激嗅觉神经，使其处于兴奋状态，避免产生嗅觉疲劳，让人们长久地感受到香气的美妙所在。在实际的食品调香设计过程中，应适当合理地使用香料，使香气与味感协调一致，同时还要注意香料的添加对食品特性可能产生的影响，这就要求配方设计者不仅要有效、适当地运用食用香料的添加技术，而且要掌握食品加工制造技术。

（四）调味设计

调味设计是指通过原料和调味品的科学配制，产生人们喜欢的滋味。在实际的食品调味设计中，除必须了解调味与调料的性质、关系、变化和组合，调味的程序及各种调味方式和调料的使用时间外，还要力求使食品调味做到"浓而不腻"，即味要浓厚，不可油腻，要突出本味，保持和增强原料的美味，并掩盖原料令人不愉悦的风味，达到树正味、添滋味、广口味的效果。如近几年新出现的一款气泡冷萃茶，是兼顾口感风味与独特个性的优秀替代酒饮。其与传统热饮方式有所不同，该产品对茶叶进行冷泡处理，得到的茶味更加细腻，香气更加浓郁，涩味也得到了平衡，创造出更复杂的风味口感。

（五）质构改良设计

食品质构是食品除了色、香、味之外另一种重要的性质，其对食品的食用口感、产品的加工过程、风味特性、稳定性、颜色和外观等产生重要影响，同时也是食品品评的重要指标。

质构改良设计是在主辅料设计的基础上，为改变食品质构进行的设计，它主要通过食品添加剂的复配作用，赋予食品一定的形态和质构，满足食品加工的品质和工艺性能要求。近年来，随着消费者日益认识到过度摄入糖的危害，"减糖"已经成为最重要的健康趋势之一。在低糖/低脂的条件下，瓶装饮用型酸乳会在整体稳定性上大打折扣。低糖/低脂体系更易析水，这不仅影响产品品相，更使得口感饱满度大打折扣。传统上采用添加稳定剂的办法无法满足清洁标签要求，而某食品公司开发的柑橘纤维产品就成为此类问题的良好解决方案。普通酸乳体系结构之间断点较多，连接不紧密，而采用该柑橘纤维制作的酸乳（图3-1），产品具有更致密的结构。在经过二次均质工艺后，该系列纤维可有效控制产品析水，保证产品保质期。不同的柑橘纤维型号在保证顺滑度的前提下，提供口感从清爽到稠厚的系列解决方案。

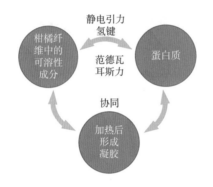

图3-1　柑橘纤维用于酸乳加工的原理

（六）防腐保鲜设计

食品配方设计在经过主辅料设计、色香味设计、质构改良设计之后，具有色、香、味、形的产品就形成了。而为延长产品保质期，还需要对产品进行防腐保鲜设计。

食品防腐保鲜是指贮藏过程中保持食品固有的色、香、味、形以及营养成分，主要是通过物理或化学的手段来控制食品在生产、贮运、销售、消费过程中有害微生物的生长繁殖，保持其固有的色、香、味、形及营养成分。在实际生产过程中，首先要清楚了解引起食品腐败变质的主要因素及其特性，其次在采用防腐保鲜方法时，除要考虑防腐保鲜效果，还应着重考虑食品安全问题。

（七）功能营养设计

食品的功能营养设计就是在食品基本功能的基础上附加特定功能。它主要通过向食品中添加一种或多种营养素或具有特定功能成分的食品添加剂，提高食品的营养价值或特定的功效。在实际生产过程中，应严格按照相关规定来确定添加成分的添加种类及用量。

第二节　主辅料设计

主辅料设计是食品配方设计的基础，对整个配方设计起着导向作用。主料是指食品加工时使用量较大的一种或多种物料；辅料是指食品加工时使用量较小的一种或多种物料。在食品配方设计中，主料是构成产品基础架构的主要成分，体现食品的性质和功能；辅料用于调节食品的色、香、味、形等，具有改善食品品质、提高加工性能等作用。在食品配方设计过程中，通常先确定主体原料，然后基于主体原料选择合适的辅料，并确定主辅料的使用比例。

需要明确的是，主料与辅料之间并没有绝对的界限，即某一种食品原料本身的属性并不存在主料与辅料的固定身份。对于某一特定的食品原料是作为主料还是作为辅料，要根据实际生产食品的属性、配方、工艺特性需要才能做出选择、确定。

一、主料设计

（一）主体原料的分类

主料，即配方中的主体原料，也称基质原料。其决定了食品的主要营养价值、构建食品的主要形状以及其他一些关键性质。主料的设计应依据食品的类别和要求，构成产品基础架构，体现不同种类食品的性质和功能。因此，主料设计就是针对产品主体原料进行选择和搭配，进而形成产品的初始形态，指导后续的产品配方设计。常见的主体原料有水、能量原料和蛋白质原料等。

1. 水

水是饮料类食品的主体原料。无论是含酒精饮料（酿造酒、蒸馏酒、配制酒等），还是不含酒精饮料（碳酸类饮料、果蔬汁饮料、乳品饮料、茶类饮料、咖啡饮料、包装饮用水等），水都是主体原料。需要指出的是，有些食品在制作过程中虽然也使用了大量的水，但是最终产品中的水分含量很低，则水不作为主料。例如，在制作饼干时，需要很多的水来和面，但是在烘焙过程中绝大部分水分蒸发掉了，所以水并不是饼干的主料。

2. 能量原料

能量原料是指含蛋白质干重小于 20%（质量分数），同时热量较高的谷物、淀粉质根茎类、油脂类及糖类物质。其主要分为五类：谷物类（玉米、麦类、高粱、稻谷）、糠麸类（谷物类的加工副产品）、油脂类（动物油、植物油、混合油）、薯类及加工副产品（甘薯、马铃薯、糖蜜、甜菜渣等）、其他糖类（非常规原料）。

3. 蛋白质原料

蛋白质原料是指蛋白质含量≥20%（质量分数）的原料，主要包括豆类、畜禽肉类、乳类、蛋类、水产类、菌藻类等。对于食品来说，蛋白质含量高的产品在一定程度上更容易被消费者接受，从而增加销量。例如，英国某酸乳品牌基于其经典系列产品推出了一款不含糖和脂肪、高蛋白、低热量的酸乳，每杯蛋白质含量高达 14g，成为该公司迄今为止推出的蛋白质含量最高的产品，深受健身和运动爱好者的喜爱。

（二）选择主体原料的要求

合理选择主体原料是确保产品品质、增添产品风味、延长产品保质期的基本要求。在产品研发的过程中，根据预想的产品效果，选择合适的原料，才能制得符合预期的产品。例如，某乳品企业推出旨在提高现代人睡眠质量的牛乳饮品。牛乳作为睡前饮品历来受到消费者认可，在其基础上，某品牌通过添加 γ-氨基丁酸，药食同源食材酸枣仁和茯苓粉及草本植物洋甘菊，创制出了洋甘菊口味牛乳饮品。主体原料的选择主要从营养价值、主体外观、方便经济和安全卫生等方面进行考虑。

1. 营养价值

营养是对食物最基本的要求。食物的营养成分主要包括：碳水化合物、脂质、蛋白质、水、维生素和无机盐。碳水化合物在自然界分布最为广泛，对人体代谢起着重要作用。脂质主要包括油脂和类脂两类，其中油脂在食品配方设计中应用较多。食物中的油脂主要是油和脂肪，通常来说，在常温下呈液态的称作油，呈固态的称作脂肪。蛋白质是由氨基酸组成的多肽链经过盘曲、折叠而形成的具有一定空间结构的化合物，是构成人体组织器官的支架和主要物质，在人体代谢中也起着重要作用。维生素是一系列有机化合物的统称，它们是生物体所需要的微量营养成分，但一般无法由人体自身合成，需要通过饮食等手段获取。水不仅是人体的重要营养物质之一，同时也是体内各种化学反应、物质转移及能量交换的媒介。无机盐即无机化合物中的盐类，也称矿物质。食品加工应确保食品中各种营养素均衡，满足消费者需求，同时要避免过度加工，减少营养素的损失和破坏。

在如今快节奏时代下，日常的压力和焦虑正不断影响着消费者的生活，许多人因此对功能性产品青睐有加。这样一来，功能性食品在近年来占据越来越多的市场份额，食品原料本身的营养价值也越来越受到生产者的关注和重视，越来越多的功能性原料和成分被应用于产品开发中。例如，某公司推出了一款以黑豆为主要原料的饮料，黑豆具有抗氧化特性，可以用于保护皮肤和指甲的健康。

2. 主体外观

一般来说，食品主料对食品的形状起决定性作用，是构建食品形状的骨架。如面包主要是由小麦粉中的面筋蛋白形成三维网络结构，从而赋予面团一定的弹性和机械强度。食品的外观不仅起着美化食品的作用，也能够有效地吸引消费者。食品主料的设计应该充分考虑食品塑形，其对人的食欲、食感和食量起着十分重要的作用。

3. 方便经济

选择运输方便、易储藏的主要原料对于生产大有裨益，可以有效降低运输过程中的损耗，提高经济效益，也有利于扩大生产，降低生产成本，增加社会效益。

4. 安全卫生

安全卫生是选择主体原料最重要的要求之一。随着现代生活水平的日益提高，人们对食品安全问题也越来越重视，为了进一步推动食品安全管理提档升级，食品生产者要始终坚守底线，保障食品原料的安全卫生。

二、辅料设计

食品配方设计中的辅料，即辅助原料，也被称为配料（包括食品添加剂），是为了改变主料的理化性质，丰富主料的感官特性或满足食品产品特定性质需求而添加的材料，用量较少，但发挥着重要作用，具有改善食品品质、提高加工性能等作用。

食品产品配方中的辅料对产品的各方面性质有很重要的作用。调色物质可以赋予产品良好的色泽，具有促进消费者的食欲、美化食品等作用，如将红曲色素应用于红酒生产能够赋予产品良好的色泽。调色物质主要有天然色素、人工合成色素等。调香物质可以使产品发出诱人的香味，从而促进食欲和消费，主要有天然香料、香精等。调味物质可以通过甜味剂、酸味剂、鲜味剂等调味料的复配和组合，产生令人舒适的滋味。如将甜味和酸味进行适当的组合，能够赋予饮料令人愉悦的口感和滋味。品质改良剂可以用于改善食品的质构，其主要包括增稠、乳化、水分保持、保湿、膨松、催化、氧化等，此外，某些辅料还具有防腐保鲜、营养强化等作用。

常见的辅料包括：色素、香料香精、调味剂、品质改良剂、防腐剂、功能因子等。

（1）色素 天然色素（姜黄素、叶红素、红花素等）、合成色素（柠檬黄、日落黄、赤藓红等）。

（2）香料香精 各种香精和香辛料等。

（3）调味剂 甜味剂、酸味剂、鲜味剂等。

（4）品质改良剂 增稠剂、乳化剂、水分保持剂等。

（5）防腐剂 山梨酸类、苯甲酸类、尼泊金酯类等。

（6）功能因子 维生素、活性肽、活性多糖、益生菌等。

关于主料和辅料的区别，一般认为主料是决定产品性质的主要原料，应着重考虑其对产品性能（食品的营养价值、形状）的决定性、使用量、在最终产品中的含量、存在的重要性等因素。以生产蛋糕为例，其原料包括水、小麦粉、白砂糖、食用植物油、鸡蛋、食品添加剂等，其中小麦粉、鸡蛋、食用植物油就是主料，因为缺少这些原料就达不到蛋糕应具有的特性。水的使用量虽然比较大，但不能算主料；但对于包装饮用水来说，水就是主料。

三、食品添加剂设计

（一）食品添加剂的定义

GB 2760—2014《食品安全国家标准 食品添加剂使用标准》规定食品添加剂是"为改善食品品质和色、香、味以及为防腐、保鲜和加工工艺的需要而加入食品中的人工合成或者天然物质。食品用香料、胶基糖果中基础物质、食品工业用加工助剂也包括在内。"

（二）食品添加剂的分类

食品添加剂被誉为现代食品工业的灵魂，可以说，没有食品添加剂就没有现代食品工业。目前，全球允许使用的食品添加剂种类已超16000种。

GB 2760—2014《食品安全国家标准 食品添加剂使用标准》中包含了2310种食品添加剂，按照功能的不同，食品添加剂可以分为23大类，包括酸度调节剂、抗结剂、消泡剂、抗氧化剂、漂白剂、膨松剂、胶基糖果中基础剂物质、着色剂、护色剂、乳化剂、酶制剂、增味剂、面粉处理剂、被膜剂、水分保持剂、防腐剂、稳定剂、凝固剂、甜味剂、增稠剂、食品用香料、食品工业用加工助剂及其他。按行业管理分类，我国允许使用的食品添加剂分为7大类，包括食用色素、食用香精、甜味剂、营养强化剂、防腐-抗氧-保鲜剂、增稠-乳化-品质改良剂、发酵制品（包括味精、柠檬酸、酶制剂、酵母、淀粉糖）。

（三）食品添加剂的作用

食品添加剂对食品生产、储藏等环节影响极大，其作用主要如下。

（1）有助于食品的防腐保鲜、运输、延长保质期 以果蔬为例，我国每年水果平均损失达3000万吨，占总产量的20%，按1元/kg计算，造成的直接经济损失高达300亿元，蔬菜的采后损失也十分惊人，其损失每年已超过千亿。选择合适的食品添加剂，如保鲜剂、抗氧化剂等，可以有效延长食品的保质期，产生非常大的经济和社会价值。

（2）改善食品的感官，使食品更易于被消费者接受 很多天然食品的色泽、口感和质构因生产季节、产地、年份的不同而存在差异，并且在加工和储藏过程中发生明显变化，使用色素、香料以及乳化剂、增稠剂等，可以确保食品感官品质的一致性，保持食品原有外观，提高食品的感官质量。

（3）保持或提高食品的营养价值　营养丰富的食品在加工过程中不可避免地存在营养损失。选择合适的添加剂既可以减少营养损失，也可以提高其营养价值。如在肉制品加工过程中添加磷酸盐，在提高原料肉保水性的同时避免了水溶性营养成分的流失；添加营养强化剂，如食盐中添加强化碘，酱油中添加强化铁，谷物中添加强化赖氨酸，不仅提高了食物的营养价值，还促进了营养平衡，对防止营养不良，提高居民健康水平具有重要意义。

（4）有助于食品加工和生产　食品添加剂有助于食品的加工和生产，一些食品添加剂如消泡剂、稳定剂等有助于降低材料损耗和稳定产品，有效提高产品得率，从而提高经济效益。

（5）满足消费者特殊需求　食品添加剂的使用可以满足一些特殊人群的需求。如含低热量甜味剂的食品可以满足肥胖人群和糖尿病患者的需求；高膳食纤维食品有利于改善消费者肠道功能；富含二十二碳六烯酸（DHA）的食品有利于儿童大脑发育。

（四）食品添加剂的使用条件

食品添加剂在食品成分中占比低，但其对食品的品质、营养、加工性能和储藏都会产生较大的影响，科学使用食品添加剂，严格控制其用量，同样也是食品行业从业者须遵守的准则。其使用应至少满足五个最基本的条件：

（1）符合有关食品添加的卫生法律、法规标准，使用品种、使用范围和使用量必须符合GB 2760—2014《食品安全国家标准　食品添加剂使用标准》的规定。

（2）对人体无毒无害。

（3）不能用于掩饰食品的变质。

（4）应保持或提高食品的营养价值。

（5）尽量降低其使用量，即使用食品添加剂时需严格控制用量。

随着我国食品添加剂行业的发展和居民健康意识的提高，食品添加剂的营养化、功能化、绿色化将成为行业的未来发展方向。

四、"药食同源"物品和新食品原料

中国中医学自古以来就有"药食同源"理论：在古代，人们在寻找食物的过程中发现了各种食物和药物的性味和功效，认识到许多食物可以药用，许多药物也可以食用，两者很难严格区分。为了规范《按照传统既是食品又是中药材的物质目录》管理，原卫生部于2002年公布药食同源目录，国家卫生健康委于2021年印发了《按照传统既是食品又是中药材的物质目录管理规定》，对药食同源物品作出了具体规定。

另外，在设计保健食品和新资源食品配方的主辅料时，还需要充分考虑保健食品原料要求和新食品原料。

（一）保健食品原料要求

GB 16740—2014《食品安全国家标准　保健食品》对保健食品的定义为："声称并具有特定保健功能或者以补充维生素、矿物质为目的的食品。即适用于特定人群食用，具有调节机体功能，不以治疗疾病为目的，并且对人体不产生任何急性、亚急性或慢性危害的食品。"生产保健食品的主要原辅料大体可以分为允许使用、禁止使用、目前尚不明确是否可以使用三大类。

具体参考《既是食品又是药品的物品名单》《保健食品禁用物品名单》和《可用于保健食品的物品名单》等，在进行产品开发时应严格遵守保健食品相关标准中的原料要求（如 T/C NHFA 001—2019《保健食品用银杏叶提取物》、T/C NHFA 111.18—2023《保健食品用原料　石斛》等）。

（二）新食品原料

新食品原料是指在我国无传统食用习惯的物品，可以分为：①动物、植物和微生物；②从动物、植物和微生物中分离的成分；③原有结构发生改变的食品成分；④其他新研制的食品原料。

《新食品原料申报与受理规定》第三条中规定新食品原料应当具有食品原料的特性，符合应当有的营养要求，且无毒、无害，对人体健康不造成任何急性、亚急性、慢性或者其他潜在性危害。新食品原料在使用时应当符合《中华人民共和国食品安全法》及相关的法规、规章、标准的规定，利用新的食品原料生产食品，或者生产食品添加剂新品种、食品相关产品新品种，应当向国务院卫生行政部门提交相关产品的安全性评估材料。国务院卫生行政部门应当自收到申请之日起六十日内组织审查；对符合食品安全要求的，准予许可并公布；对不符合食品安全要求的，不予许可并书面说明理由。新食品原料在经过安全性审查后，方可用于食品生产经营。在此基础上，国家积极鼓励对新食品原料的科学研究和开发。

需要注意的是，《既是食品又是药品的物品名单》《保健食品禁用物品名单》《可用于保健食品的物品名单》是经常更新的，在设计配方时需要查阅最新版公告。

 拓展阅读

GB 2760—2014《食品安全国家标准　食品添加剂使用标准》

第三节　调色设计

食品的色泽是食品的基本属性，是鉴定食品质量的重要感官指标。食品的色泽来源于原料本身或食品加工过程中添加的色素，以及食品加工过程中发生的化学反应产生的新色素。食用色素可以赋予或调配食品色泽，增加消费者对食品的嗜好性及刺激消费者食欲。食品质量鉴别的感官评价基本方法是依靠视觉、味觉、触觉、嗅觉和听觉等来鉴定食品的外观，包括食品的形态和色泽、气味和滋味以及硬度（稠度）等多个指标。其中，颜色是视觉上的鉴定，是感官评价中最直观的指标，是最直接影响消费者的饮食心理活动的因素，因此调色是食品新产品开发过程的重要步骤。

一、调色的原理

（一）食品调色的作用

食品调色赋予食品色彩，其作用主要体现以下三个方面。

1. 激发消费者购买欲

食品颜色位于感官指标"色、香、味、形"之首。食品进入消费者的感官顺序通常是先"色"后"味"，视觉是食品给人带来的第一感觉，因此消费者对食品所做出的行为受到视觉影响较大。色彩鲜明的食品对消费者更具诱惑力，容易吸引消费者购买。

2. 反映食品营养成分或食品所含有的原料

天然食品原料中的色素可以反映食品中部分对人体有益的营养成分，例如，蓝莓和紫葡萄的紫色主要来源于花青素，牛乳的乳白色反映其含有优质蛋白质，胡萝卜的橙黄色主要是其含有的类胡萝卜素所呈现的。食品加工过程中添加的色素可以提示食品所含有的原料，例如，绿色提示原料中含有抹茶，蓝色提示原料中含有蓝莓，黄色提示原料中含有芒果或橙子，橙色提示原料中含有南瓜等。在食品中通过颜色展现出对人体健康有益的营养成分和所含有的原料，可以使消费者对此类食品产生"天然健康"的印象以及对食品原料有一个初步的了解，刺激消费者购买。

3. 改善食品感官质量

在日常生活中，食品的颜色可以使人们对食品有不同的质量评价。根据日本学者冢田等对各种食品颜色与感觉的调查结果，白色给人营养、柔和、清爽和卫生的感官印象，红色给人甜、滋养、新鲜和味浓的印象，紫色给人浓烈、甜、暖的印象，黄色给人滋养和美味的印象。这些色泽使消费者更有食欲，反之，色泽不正则会降低食品感官质量。例如，灰色、暗黄绿色会给人难吃和不新鲜的感觉。

（二）调色的基本原理

调色的基本原理是三基色原理，三基色原理中三种基色是相互独立的，任何一种基色都不能由其他两种颜色合成。三基色系统又分为加色系统和减色系统（图3-2），前者的基色为红、蓝和绿，后者的基色为紫（或品红）、黄和青。二者的原理不同。加色法是光源合成光线的原理，主要应用于自发光物体。例如，通过调节红、绿、蓝三种颜色光线的强度，可以合成其他色光。减色法是物体表面反射光线的原理，多应用于不会发光的物体。比如，用来调色的颜料只能反射部分波长的光线，红色的颜料反射红色的光线，黄色的颜料反射黄色的光线，其余光线被颜料吸收（减去）了。

食品的颜色是通过色素对自然光中的可见光的选择吸收及反射产生的。食品所显示出的颜色，不是吸收光自身的颜色，而是反射光（或透射光）中可见光的颜色。因此，对于食品或包装的调色，通常遵循减色法原理，即把品红、青、黄三种颜色按不同比例混合后，可以产生各种颜色。若光源为自然光，食品吸收光的颜色与反射光的颜色互为补色。例如，食品呈现紫色，是其吸收绿色光所致，紫色和绿色互为补色。

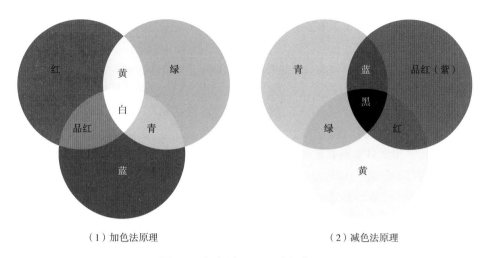

（1）加色法原理　　　　　　　　　　（2）减色法原理

图 3-2　加色法原理及减色法原理

（三）食品色泽的来源

食品中的色泽是鉴定食品质量的重要感官指标，食品色泽的主要来源有三个：一是食品中原有的天然色素，二是食品生产加工过程中产生的色素，三是食品加工过程中添加的色素。

1. 食品中原有的天然色素

食品因其原料中含有某些天然色素，因此会呈现出一定的色泽，如绿色的果蔬含有一些叶绿素，红苹果及西瓜瓤含有花青素，香蕉含有叶黄素，甜菜含有甜菜红色素，肉类原料含有血红素等。色素本身没有颜色，但它可以选择性吸收太阳光，从而呈现出反射光的颜色。因此在可见光范围内，红、橙、黄、绿、青、蓝、紫中的某一色或某几色的光反射刺激视觉从而显示，成为该食品的色泽属性。

2. 食品加工过程中产生的色素

食品加工过程中产生的色素对食品品质具有一定影响，主要见于加热食品、腌制食品的生产加工过程中所发生的酶促褐变以及非酶促褐变反应。酶促褐变是在有氧条件下，由于多酚氧化酶的作用，邻位的酚氧化为醌，醌很快聚合成为褐色素而引起组织褐变。非酶促褐变主要包括美拉德反应、焦糖化作用、抗坏血酸褐变等。美拉德反应会在其终止阶段由于羟醛的缩合与聚合反应形成黑色素；焦糖化反应会形成难溶性的深色物质——焦糖素；抗坏血酸被氧化，经过复杂的过程最终会形成褐色素。

若对食品的生产加工处理得当，其过程中产生的色素会提升食品的感官品质，若把控不严格产生过多的黑色素、褐色素，会造成食品感官品质下降。例如，在面包烘焙工程中，对色素的产生程度掌控得当可以获得诱人的金黄色产品，控制不当则可能会导致过度褐变而影响产品品质。

3. 食品加工过程中添加的色素

适当引入外源性色素，可赋予食品令人满意的色泽，提升食品的感官品质。例如，通过添加外源色素的方式来满足特定的造型配色或为食品设计别出心裁的色泽，以增加食品美感，外加色素种类包括提取浓缩的天然色素和人工合成色素。此外，食品在加工、储藏等过程中会发生化学反应（酶促褐变、非酶褐变等）从而造成天然色素褪色或变色，失去原有的色泽，降低人们的食欲或误导人们对食品做出错误的感官评价，降低食品的食用及商业价值。此时，可以适当引入外源性色素来改善食品中受损色素所造成的较差的感官品质。

（四）拼色

拼色是将不同色素按照一定的比例混合，叠加产生稳定的颜色和丰富的色谱，从而满足食品加工生产的需要。

拼色是基于减色法原理（图3-3），即把品红、青、黄三种颜色按不同比例混合后，产生的各种颜色。例如等量的青色+黄色=绿色，品红色+黄色=红色，青色+品红色=蓝色，品红色+青色+黄色=黑色。拼色不是色素的简单叠加，而是两种及以上的色素通过复配得到在颜色、稳定性、剂型方面都更适用于某种食品的复配色素。拼色所用色素一般需要遵循以下原则：

（1）互相能均匀溶解，无悬浮物或沉淀。

（2）互相不反应。

（3）稳定共存，即色素与色素之间以及色素与食品之间能够稳定共存。

（4）少量原则，即使用色素种类尽量少，一般不超过三种，便于调整与控制，调整用量时要微调。

（5）染色适度，即染色要自然而均匀，不能一味追求颜色鲜艳而失真。

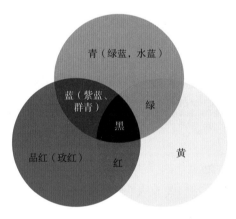

图3-3　适用于食品调色的减色法原理

（五）护色

在食品加工及流通过程中食品的色泽易受外部条件影响发生变化或褪色。光照、pH、紫外线、高温、金属离子、微生物等都有可能对食品色泽产生破坏，如金属离子几乎对所有食用色素都有破坏性，高温会破坏一些色素的结构等。在实际生产中，为避免食品褪色，应根据色素类型和产品特性等来制定合适的护色方案。

通常在食品加工过程中添加化学物质进行护色，例如，在肉制品中添加适量的硝酸盐或亚硝酸盐进行护色。某些天然活性成分也具有护色能力，添加它们不仅能降低外界环境对色素的破坏，还可以增加食品的营养成分。例如，茶多酚具有还原性，可以防止胡萝卜素、叶黄素、叶绿素等天然色素的褪色，因此可作为护色剂来维持食品色泽。

二、食用色素的类型与应用

食用色素是用于食品着色，改善其色泽，增加食用者食欲的食品添加剂。色素的类型主要分为两类：天然色素和人工合成色素。通过添加色素合理地对食品的色泽进行调配，不仅会大幅提升食品的感官指标，还能激发食用者的食欲和消费者的购买欲。

（一）食用色素的类型

食用色素分为天然色素和人工合成色素。天然色素大多来源于植物的茎、叶、根，如花青素。还有一些来源于动物和微生物，如胭脂虫色素、红曲红。而人工合成色素是指用化学方法合成、制造的有机色素。人工合成色素的本质是化学合成物或生物体代谢产物，具有价格低廉、稳定性高、来源广泛等优点，故广泛应用于食品生产当中，但其对人体健康存在一定的潜在威胁与安全隐患，因此，我国对于合成色素的使用种类及用量有严格的限制。例如，婴幼儿食品中严禁使用任何人工合成色素；软饮料中胭脂红的最大使用量不超过 0.05g/kg 等。

1. 天然色素

在天然植物的根部、茎叶、花朵、果实或动物以及微生物的组织中产生，并且可以食用的色素，将其称为食用天然色素。天然色素根据溶解性可分为水溶性色素和脂溶性色素；按色调可分为暖色调色素和冷色调色素；按结构可分为异戊二烯类、卟啉类、类黄酮类和含氮杂环类等；按来源可以分为植物来源天然色素、动物来源天然色素、微生物来源天然色素；按碳链种类可以分为脂肪族类色素和芳香族类色素；此外还有来源于自然界矿物质的色素。

天然色素具有以下优点：

（1）安全性较高　天然色素大多来源于食品原材料，相较于部分人工合成色素具有较高的安全保障。但天然不等于无毒，其成分复杂，提纯过程中性质可能发生变化，所以天然色素的使用也要经过毒理检验。

（2）色调自然　天然色素可以更好地还原食品原料的颜色，既可增加色调，又与天然色泽相近，着色更自然。

（3）具有一定的功能性　有些色素本身就是一种营养素，具有营养作用，甚至药理作用。例如，植物色素中包含的花青素类化合物、类胡萝卜素化合物、黄酮类化合物等，这些化合物本身是一类生物活性物质，而且被当作植物药或保健食品中的关键性功能成分。

但天然色素本质上是天然产物，成分复杂，部分色素结构未知，因而有一些明显的缺点：

（1）难以达到高纯度，容易混有异味物质。

（2）稳定性差，保色性不强，容易褪色，甚至与食品原料发生反应。

（3）容易受温度、氧化、光照、pH 影响从而导致色素结构发生变化，容易变色，使其应用受限。

（4）难以调色，着色性差。根据相似相溶原理，脂溶性色素不溶于水、醇等溶剂，只能溶于油脂中，但很多的应用需要将它们与亲水性的物质结合，所以需要对脂溶性色素进行一定的处理，使它们能够与亲水性物质结合。

2. 人工合成色素

人工合成色素一般是人工合成的有机物，成分单一、纯度较高、易着色、不易褪色、性能稳定、无臭无味、成本低。1856 年英国人帕金合成了第一种人工色素苯胺紫，而后人工色素因其着色性好的优点在食品制作过程中被不断使用。按照化学结构人工合成色素可分为偶氮类色素和非偶氮类色素，偶氮类色素有胭脂红、苋菜红，非偶氮类色素的代表是亮蓝。

与天然色素相比，人工合成色素具有以下优点：

（1）纯度高　人工合成色素可以不断提高纯度而减少使用量，因此人工合成色素具有纯度高、添加量少的特点。

（2）着色性好　人工合成色素溶解性和吸附性较好，能均匀、稳定地对食品着色。

（3）稳定性好　对光照、高温、盐离子浓度、酸碱条件变化的耐受性大都强于天然色素。

人工合成色素相较天然色素也存在一些明显的缺点：人工合成色素多是由苯环、萘环物质所合成，合成过程中很可能产生对人体有害的有毒物质。具体体现在：过多摄入人工合成色素可能影响生长发育甚至造成细胞癌变或诱发染色体变异。因此世界各国对合成色素都持有谨慎的态度，从1960年至今，美国允许使用的合成色素由35种减少至如今的7种，而瑞典等国家禁止使用任何偶氮类色素。我国允许使用的合成色素也仅有少数，如苋菜红、新红、赤藓红、胭脂红、诱惑红、日落黄、柠檬黄、亮蓝、靛蓝等，以及这些色素的色淀。此外，人工合成色素在生产过程中可能会混入有害金属或其化合物等有害物质，对人体健康造成隐患，因此应当加强生产合成着色剂过程中的卫生要求；同时，食用油溶性人工合成色素后不易排出体外，因而对人体具有较大的毒性。另外，一些人工合成色素在人体代谢过程中可能会产生对人体有害的物质。

（二）食用色素在食品中的应用

食用色素用于食品着色，通过改善其色泽，提升食品的感官指标进而增加食用者食欲，因此被广泛应用于食品中。将色素应用于食品中不仅可以改善食品在加工过程中产生的不良色泽，还能提升食品色泽的鲜明度，同时能够直观地反映食品的口味。因此色素在食品生产加工过程中起着重要作用。

1. 食用色素在饮料中的应用

饮料色泽的设计应追求真实、自然、清爽，应选择与饮料原料色彩相似或与饮料口味相呼应的色调，使产品的色、香、味和谐（表3-1）。

表3-1　　　　　　　　　　　　　食用色素在饮料中的应用

饮料	色素
葡萄饮料	葡萄果皮红、栀子红
草莓饮料	胭脂红、红曲色素、甜菜红
碳酸饮料、乳酸菌饮料、橘汁饮料	红花黄、胭脂红、β-胡萝卜素
咖啡饮料	可可豆、焦糖色
可乐饮料	焦糖色

各种食品原料所含色素种类与比例各不相同，因此单一的天然或人工合成色素均不易直接调配出天然的色泽，往往需要通过拼色调配而成。调配色素时首先要根据原料与饮料类型和饮料应用的场景选定主色，然后考虑辅色，经过多次调配获得理想色泽的配比。饮料的调色标准与注意事项：

（1）符合新鲜饮料原料的色泽。

（2）选择纯度高的色素，避免低浓度色素稀释后出现褪色、变色等现象。

（3）注意根据饮料的酸碱度选择在该酸碱度下可稳定存在的色素。

（4）对于需要经过热处理杀菌的饮料，其使用的色素需要具有较强的耐热性。

（5）对于常暴露在光照下的饮料，应选择具有良好耐光性的色素。

（6）饮料中色素的添加一般在工艺的最后工序。

2. 食用色素在肉制品中的应用

目前，我国肉制品加工工业常使用的天然色素主要有辣椒红、红曲红、栀子黄、栀子蓝、姜黄、胡萝卜素、甜菜红、高粱红、叶黄素、紫草红、萝卜红、紫甘蓝、紫苏、红花黄等（表3-2）。

表 3-2 食用色素在肉制品中的应用

应用	色素
肉制品的可食用动物肠衣	胭脂红、诱惑红
肉灌肠	赤藓红
肉罐头	赤藓红
用于炸鱼和禽肉的面糊、裹粉、煎炸粉	柠檬黄、日落黄、姜黄素
腌制腊肉	红曲红
调理肉制品	焦糖色

由于大部分肉类原料本身含有血红素及其衍生物血红蛋白、肌红蛋白这类天然色素，所以部分情况下在对肉制品进行加工时不会引入其他人工合成色素，而是采取相应的护色措施，防止原料中的天然色素被环境破坏。例如，在肉制品中加入硝酸盐或亚硝酸盐进行护色，硝酸盐的呈色机制是硝酸盐在细菌硝酸盐还原酶的作用下，还原成亚硝酸盐，亚硝酸盐在酸性条件下生成亚硝酸，并进一步产生亚硝基（—NO），与肌红蛋白反应生成稳定、鲜艳、亮红色的亚硝酰肌红蛋白，因此可以使肉保持稳定的鲜艳色泽。

在肉制品加工过程中，基于加工工艺和肉制品、色素本身的性质，有以下方法使着色剂均匀地分布在肉制品上：

（1）混合法 将着色剂、调味剂及其他食品添加剂混合搅拌后，均匀地涂抹在肉制品上以达到着色的目的。

（2）直接涂抹法 将着色剂溶解于相应的溶剂中，直接均匀涂抹在肉制品表面。

（3）掺入法 火腿肠的调色一般使用这种方法，即选择相应的溶剂，利用溶剂将色素调配得到恰当的颜色，将色素掺入到肉馅中搅拌均匀，从而得到符合要求的肉制品。

3. 食用色素在糕点中的应用

根据食品类型分类，色素在糕点中的应用如表3-3。在食品加工过程中，将食品的颜色与相应的季节联系起来，可能会赋予产品"温度感"。例如，蓝色、绿色可以让人想到"清冷、冰凉"；橙黄色和褐色令人联想到"温暖、滚烫"。例如在夏季，青绿色的薄荷糕制品等较为吸引消费者，此类冷色调色素多为天然来源色素。在冬天，消费趋势则倾向于金黄色的炸制食品，如南瓜饼、黄金糕等，此类暖色调色素的应用见于：将辣椒红色素喷涂于糕点表面；将栀子黄、姜黄等色素用于方便面、蛋黄饼的制作。在春秋两季，消费者倾向的食物颜色则"温暖"与"清凉"兼备。

表 3-3 食用色素在糕点中的应用

应用	色素
糕点彩装	甜菜红、苋菜红、赤藓红、辣椒红、胭脂红、酸性红、诱惑红、柠檬黄、日落黄、靛蓝、亮蓝、红曲红
焙烤食品馅料或挂浆	红曲红、苋菜红、胭脂红、焦糖色、紫胶红、蛋黄（涂表面）、鲜花、天然青绿色色素（小麦苗、艾叶、薄荷、菠菜等）、栀子黄、姜黄、靛蓝、亮蓝、日落黄、柠檬黄
油炸类糕点	焦糖色、胡萝卜素、天然橘红色天然色素（南瓜、胡萝卜等）、红曲红

糕点制作过程中的着色方法：①上色法，将色素溶解，刷在制品表面，成熟前着色（如刷蛋黄液、油）或成熟后着色（如糕点印字）；②喷色法，将色素溶解液喷洒在糕点表面，根据应用场景，调整喷洒距离、时间、密度得到不同的效果，例如，寿桃、玫瑰花包等的制作；③卧色法，将色素液直接揉到面团中，再揉捏翻转均匀，制成不同颜色的糕点，例如，青团就是由麦苗、青菜或艾草汁液揉到面团里制成。

4. 食用色素在水果制品中的应用

水果在加工和储藏过程中易发生酶促或非酶褐变，使其本身鲜艳的色泽褪去，严重影响产品外观和商品价值。因此，水果制品在加工时通常使用相应的色素进行调色，以增强产品对消费者的吸引力。例如，蜜饯在制作过程中，果品本身的颜色会因为高温浸煮而发生劣变，为了让蜜饯最终呈现出诱人的色泽，生产厂家通常都会在制作过程中添加胭脂红、日落黄、柠檬黄、亮蓝等色素。依据 2020 年发布的《市场监管总局关于修订公布食品生产许可分类目录的公告》，水果制品可分为蜜饯［包括蜜饯类、凉果类、果脯类、话化类、果丹（饼）类、果糕类］和水果制品（包括水果干制品和果酱）。在水果制品中常用的色素有赤藓红及其铝色淀、靛蓝及其铝色淀、二氧化碳、红花黄、栀子蓝、红曲红等（表 3-4）。

表 3-4 食用色素在水果制品中的应用

应用	色素
蜜饯凉果	苋菜红、胭脂红、赤藓红、新红、柠檬黄、日落黄、亮蓝、靛蓝
果味（风味）饮料	靛蓝、亮蓝、新红、胭脂红、赤藓红、紫胶红
果蔬汁（及其饮料）	亮蓝、日落黄、靛蓝、新红、胭脂红、赤藓红、焦糖色、紫胶红
果酱	日落黄、赤藓红、亮蓝、红曲红
菠萝冷饮	柠檬黄
水果干	诱惑红（仅限苹果干）
装饰性果蔬	诱惑红、亮蓝、柠檬黄、苋菜红、胭脂红、新红
水果调味糖浆	胭脂红、柠檬黄、亮蓝、诱惑红、姜黄素、焦糖色
水果罐头	日落黄（仅限西瓜酱罐头）

水果制品调色还应关注在加工过程中的护色处理，如使用护色剂进行护色。用适当浓度的氯化锌、抗坏血酸钠、明矾、柠檬酸、氯化钠、焦亚硫酸钠、硫黄、乙二胺四乙酸、焦磷酸钠或二氧化硫等浸泡苹果、梨、李子、青梅、杏子、葡萄、板栗、香蕉、菠萝，可以对水果有效护色，以制备颜色鲜艳自然的苹果脯、梨果片、糖水梨罐头、李子蜜饯、杏脯、青梅脯、葡萄干等。此外，还可以采用热漂烫处理的方式钝化水果中的氧化酶，以达到水果制品护色的效果。其他处理措施，如控制氧气接触、重金属接触、酸碱度、温度等，也能减少食品色泽劣变。

5. 食用色素在糖果中的应用

糖果产品中大多会添加色素进行调色用于反映糖果的口味、提升产品感官品质和经济价值（表3-5）。人们在选择糖果产品时，首先关注的往往是颜色而非风味。对于糖果原料，大部分本身都不具有吸引消费者的色彩，色素的运用赋予了原料与风味、质构相协调的色彩，进而提高了产品的吸引力。因此，食用色素对于提高糖果经济价值有着非常重要的作用。如某款水果味彩色软糖，脆脆的糖果外衣包裹着不同味道的水果软心，加上不同颜色的糖衣，使其备受消费者喜爱（图3-4）。

表 3-5　　　　　　　　　　　　　　　食用色素在糖果中的应用

颜色分类	色素
红色	诱惑红、胭脂红、酸性红、甜菜红、苋菜红、凝胶红、赤藓红、胭脂虫红、辣椒红、红曲红
黄色	红花黄、日落黄、栀子黄、姜黄素、柠檬黄、胡萝卜素、柠檬黄铝色淀
蓝色	栀子蓝、靛蓝、靛蓝铝色淀、亮蓝
橙色	胭脂树橙
绿色	叶绿素铜钠
紫色	紫甘薯色素

图 3-4　某款水果味彩色软糖

第四节　调香设计

调香设计简称为调香，是指调配香精的技术与艺术。香精是将各种香料按照一定的比例调配而成的复杂混合物，它由香料的香气韵调组成。食品调香不但能够增进食欲、利于消化吸收，而且对增加食品的花色品种和提高食品质量具有重要作用。

一、调香的原理

（一）调香基本原理

目前，国际上可用于食品的香料近两千种，每种香料又在物理、化学、香气、香味等方面各有特点，调香工作就是综合各种食用香料的独有特性，调配出香气香味近似于天然食品风味、对人体安全、适合于加香基质的性质和操作工艺要求的香精，从而使食品具有更好的风味。

（二）调香方法

调香的基本工作方法是：明体例、定品质、拟配方、定配方。

1. 明体例

明体例是调香的第一步，就是要求调香工作者具有运用香气的知识和辨认香气的能力，明确在设计香精时应该用哪些香韵去组成哪种香型。首先确定所调制的香精要解决何种问题，目标要具体详细，为定品质奠定基础；再确定调制香精用于哪种工艺环节；接着确定调制的香精香型，先明确大类型，即调制的香精属于"单体方"还是"复体方"；最后确定是创香还是仿香，创香需要调香师发挥想象设计出独特的香气风格，仿香需要调香师对所仿制的香气有深入了解。

2. 定品质

定品质是调香的第二步，指在明确了以上具体工作目标后再根据目标香精的应用范围、使用特点、质量等级等选择符合香型的原料及载体稀释剂等。定品质时有以下几点要求：第一，符合所设计香型及香韵的要求，不同香型的配方应有不同的香料与之适应；第二，符合加香对象的要求，产品不同选择香料应有所不同；第三，符合加香工艺的要求，比如主体香应选择耐受高温的不易挥发的香料；第四，符合设计成本的要求。

3. 拟配方

拟配方是调香的第三步，就是在经过前两步之后所进行的具体配方工作阶段。通过配方试验来确定香精中所采用的香料品种和它们的用量，有时还要确定该香精的调配工艺与使用条件的要求等。将选出的各种香料通过配比试验来初步达到原提出的香型与香气质量要求，使香精中各香韵组成之间以及香精的头香、体香和基香之间互相协调，具有良好的持久性与稳定性，这一步既可以是模仿性工作也可以是创造性工作。

4. 定配方

定配方是调香的第四步，将拟配方时确定的香精试样进行应用试验，也就是将香精按照加香工艺条件的要求加入加香对象中去，观察评估效果如何。在此阶段，需要对第一阶段初步确定的香精配方做进一步修改与调整，如不能达到满意程度，则要对配方进行修改，再试小样，再评辨，反复循环，直到香气符合要求。

二、香精的类型与应用

香料是一种能被嗅觉嗅出香气或味觉尝出香味的物质，来自动、植物界或经人工合成而得到的发香物质，是配制香精的原料。香精是以香料为原料，经调香，有时加入适当的稀释剂配成的多成分的混合体。

（一）香料的类型

1. 天然香料

天然香料又可分为植物性天然香料和动物性天然香料两大类。

（1）植物性天然香料　植物性天然香料指以各种芳香植物的花、果、叶、茎、根、皮、籽或树脂等为原料并依靠物理方法分离或提炼出来的有机物的混合物，大多数呈油状或膏状，少数呈树脂或半固态状态。根据它们的形态和制法又可分为：精油、浸膏、净油、香脂和香树脂、酊剂。

（2）动物性天然香料　动物性天然香料指动物的分泌物与排泄物，最常见的为麝香、灵猫香、海狸香等。

2. 单离香料

单离香料指使用物理或化学方法从天然香料中分离出来的单体香料化合物。从天然香料中分离出来的单离香料，绝大多数可以用有机合成的方法获得，因此单离香料和合成香料除来源不同外，并无结构上的不同。

3. 合成香料

合成香料指通过化学合成的方法制取的香料化合物。目前合成香料有7000多种，常用的有400多种。合成香料按官能团分类可分为酮类、醛类、酸类、酯类、醚类、酚类、腈类、烃类、缩醛缩酮类以及其他香料。按碳原子骨架分类，可分为萜类、芳香类、脂肪族类、含硫类、含氮类、杂环类以及合成麝香类。

（二）香精的基本组成

香精中的每种香料对香精整体香气都发挥着作用，但起的作用不同，有的提供主体香气，有的协调主体香气，有的修饰主体香气，有的减缓易挥发香料组分的挥发速度。按照香料在香精中的作用来分，大致可分为以下5种。

（1）基调剂　决定香精香气的类型，是赋予特征香气绝对必要的成分，它的气味形成了香精香气的主体和轮廓。

（2）调和剂　调和指将几种香料混合在一起使之发出协调一致香气的技巧，用于调和的香料称为调和剂，目的在于调和各种成分的香气，使其浓郁、圆润。

（3）矫香剂　用一种香料的香气去修饰另一种香料的香气，使其在香精中发出特定效果的香气。

（4）定香剂　是一种单体香料或几种香料的混合物，作用为使全体香料紧密结合在一起，使香气挥发速度保持均匀，在经过很长的时间后仍能使香精保持独特的香气。

（5）增加天然感香料　是一种使香精具有逼真感和自然感的香料，主要是各种香花精油或浸膏。

（三）食用香精类型

食用香精是一种能够赋予食品或其他加香产品香味的混合物，作为食品工业必不可少的食品添加剂，虽然它在整个食品中的添加量很小，但可赋予食品良好的风味。食用香精品种繁多，按照形态可分为以下几类。

1. 水溶性香精

水溶性香精指将各种天然、合成香料调配成的主香体溶解于40%~60%（体积分数）的稀乙醇中，必要时再加入酊剂、萃取物或果汁而制成的香精，主要应用于果汁、果冻、汽水、冰淇淋等食品中，是食品中使用最广泛的香精之一。

2. 油溶性香精

油溶性香精由各种天然、合成香料溶解在油性溶剂中配制而成。油性溶剂分两类：一类是天然油脂，如花生油、玉米油等；另一类是有机溶剂，如苯甲醇、甘油三醋酸酯等。以天然油脂为溶剂配制的油溶性香精被广泛应用于食品工业，如制作饺子馅料、酱卤制品、调味品等。

3. 乳化香精

乳化香精是指由食用香料、食用油密度调节剂、抗氧化剂、防腐剂等组成的油相和由乳化剂、防腐剂、酸味剂、着色剂、蒸馏水等组成的水相经乳化、高压均质制成的乳状液，广泛应用于果汁、奶糖、巧克力、糕点、冰淇淋、雪糕、乳制品等食品中。

4. 粉末香精

粉末香精是由固体香料混合物磨碎研细或由粉末状担体吸收香精而制成。粉末香精被广泛应用于固体饮料、固体汤料等食品中。

（四）香精在食品工业中的应用

在食品中使用香料、香精的目的是使食品产生、改变或提升风味，满足人们对食物多元化的要求，促进我国食品工业的高速发展。食品用香料、香精在各类食品中按生产需要适量使用，对于GB 2760—2014《食品安全国家标准　食品添加剂使用标准》中所列没有加香必要的食品，不得添加食品用香料、香精，包括巴氏杀菌乳，灭菌乳，发酵乳，稀奶油，植物油脂，动物油脂，无水黄油和无水乳脂，新鲜水果，新鲜蔬菜，冷冻蔬菜，新鲜食用菌和藻类，冷冻食用菌和藻类，原粮，大米，小麦粉，杂粮粉，食用淀粉，生、鲜肉，鲜水产，鲜蛋，食糖，蜂蜜，盐及代盐制品，6月以内婴幼儿配方食品，饮用天然矿泉水，饮用纯净水等，法律法规或国家食品安全标准另有明确规定的除外。总体来说，食用香精在我国食品工业中得到了广泛的应用。

1. 香精在饮料生产中的应用

香精在饮料生产中应用很广。在饮料生产过程中，原料香味极易在加工过程中损失，选择合适的香精不仅可以补充由于加工而损失的香味，维持和稳定饮料的自然口味，还可以改进饮料的风味和口感，更重要的是还可以提升产品的档次，提升产品的价值。食用香精在饮料中的添加量比较小，且要求是水溶性香精或乳化香精等，例如下。

（1）碳酸饮料　碳酸饮料是pH为2.0~4.6，填充二氧化碳的饮料。例如，可乐使用的香精以可乐豆的提取物和白柠檬为主，配以肉桂、肉豆蔻、姜等多种辛香料，以及一些药草的精油或浸提物，这些物质经过巧妙调和后，香气具有奇妙的魅力。

（2）果蔬汁饮料　果蔬汁饮料是指在果蔬汁（浆）中加入水、糖液、酸味剂、香精等调制而成的制品。这类饮料将所用的香精预先调配成各种果蔬类型特征风味后加入制品中，以补充因加工过程损失的香气。

（3）乳类饮料　乳类饮料是用乳、脱脂乳或发酵乳制成的饮料，种类非常广泛。这类饮料一般在均质前加入香精，并与乳化剂同时使用，与果实饮料组合成各种牛乳水果饮料。生产乳类饮料时应先在低温搅拌时把果汁加入牛乳、砂糖和稳定剂的混合液中，然后加入香精和酸味剂，经过灭菌、冷却、填充、封口等工艺最后得到成品。

（4）固体饮料 固体饮料包括速溶咖啡、果珍、豆浆以及速溶茶类和泡腾饮料等。固体饮料按制作工艺分为混合吸附型固体饮料和喷雾干燥型固体饮料。混合吸附型固体饮料采用粉末香精，如麦乳精、豆浆精等；喷雾干燥型固体饮料采用液体香精，如速溶咖啡［图3-5（1）］、果味固体饮料［图3-5（2）］等。

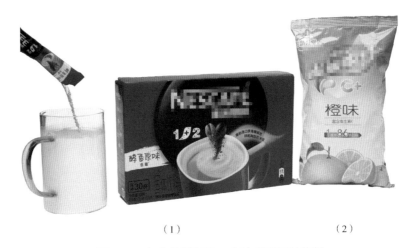

（1） （2）

图3-5 （1）速溶咖啡 （2）果味固体饮料

（5）豆乳饮料 豆乳饮料可加入各种水果、牛乳、咖啡和香草香精。豆乳饮料中加入香精可掩蔽豆乳固有的豆腥气，可增加豆乳的品种。如市场上除了大罐的原味豆乳外，还有很多容量约200mL的小瓶豆乳，如红茶味、草莓味、抹茶味豆乳。

2. 香精在糖果生产中的应用

香精在糖果的生产中应用很广，现代各种各样的糖果，如硬糖、充气糖果、凝胶糖果、口香糖等生产一般使用热稳定性高的油溶性香精来满足人们对糖果口味多元化的需求，极大地丰富了糖果的种类和口味。

（1）水果糖 水果糖生产中通常使用油质香精香料，一般添加量为2~4g/kg。水果糖中添加的香精香气种类一般以水果为主，但其他类型香气也适用，如薄荷、果仁等，品种非常广泛。例如香橙糖，打开包装就能立即闻到扑鼻的橙香味，口感酸甜适中，芳香四溢（图3-6）。

图3-6 香橙糖

（2）奶糖 奶糖中所用的香精主要是以油树脂为主体的香草香精和牛乳香精，有时配合使用柠檬、香橙等柑橘类香精。软型奶糖中含有较多黄油等乳制品，为了加强乳制品香气，除了加入香草香精外还可加入奶油香精和黄油香精。其他风味奶糖可以加入和原料相配的巧克力、咖啡、果仁、水果等各种香精。例如，某品牌奶糖作为我国知名品牌，产品经销全世界40多个国家和地区，口味也从只有经典原味慢慢发展到拥有红豆味、酸乳味、巧克力味等众多口味。

（3）巧克力　巧克力产品中一般使用的香精以油质香精为最佳，因为这种糖果原料本身的香气具有鲜明的特征，而香草香精能最充分地利用原料的香气特征，并加以发挥使它变得更美好。比利时和瑞士被称为巧克力王国，制作的巧克力出口至全球60多个国家和地区，巧克力的种类从最初的黑巧克力，渐渐拥有了如牛乳、坚果等多种口味，如某品牌的榛仁夹心巧克力（图3-7）等。

图 3-7　榛仁夹心巧克力

（4）口香糖　口香糖只有部分成分可以食用，是用大约60%（质量分数）糖和40%（质量分数）树胶为主要原料，经混合、乳化后固化制成的一种特殊的食品。口香糖的制作一般使用油质香精，并且对香精的要求很严格，入口前香气要有诱人的魅力，入口后在咀嚼过程中的刺激性和香气的散发性要相当强烈。口香糖的魅力很大程度上是由香精所决定和提供的，故调香过程十分重要。口香糖的口味繁多，常见的有薄荷味、蓝莓味、西瓜味、柠檬味等。

3. 香精在调味料中的应用

调味料在人们生活中具有重要的意义，被广泛应用到肉类、膨化食品、饼干类和方便面中。调味料所用的香精一般称为咸味香精，包括猪、牛、羊、鸡等家禽类，海鲜类，蔬菜类和香辛料类等。在调味品的工业生产中，由于各种不同原材料在加工过程中受到温度以及化学反应的影响，产品的特征风味往往并不显著，而适当的食用香精则恰恰可以用来增加此类产品的头香，弥补这一缺陷。

4. 香精在烘焙食品中的应用

烘焙食品包括饼干、面包、糕点、夹馅饼和膨松食品等，其中饼干是使用香精最广泛的品种，虽然其使用香精的范围并不像糖果、饮料那样广，但食用香精在饼干中也是一种重要的添加剂和赋香剂，不仅可以掩盖一些不良气味，还可以烘托食品香味和增进食欲。烘焙食品中的食用香精使用方法主要有4种。

（1）在烤制前把香精混入点心原料中。这种方法仅限于一些对热稳定的香精。

（2）饼干、点心等烤制后，在其表面喷洒或涂布香精。这种方法一般选用性质稳定的油质香精。

（3）饼干、点心等烤制后，在表面散布粉末香精。这种方法适用的香精种类相当广泛。

（4）把香精加到用来填充或覆盖点心的配料中。这是一种对点心间接加香的方法，具有提高商品附加值、扩大嗜好性等多种优点，如草莓味夹心饼（图3-8）。

图3-8 草莓味夹心饼

5. 香精在乳制品中的应用

乳制品是以牛乳为原料加工后所得的产品的总称，包括黄油、干酪、发酵乳、乳酸菌饮料等多种产品。乳制品中应用的香精以不损害乳类固有的香气，与乳类香气和谐一致为首要条件，且从乳制品的性质来看，要求加入的香精为天然香精。

三、香辛料的类型与应用

香辛料是指具有天然味道或气味等味觉属性、可用作食用调料或调味品的植物特定部位，是一类能够使食品呈现香、辛、麻、辣、苦、甜等特征气味的食用植物香料的简称。总的来说，就是既有一定香气，又有一定口感的调味品。香辛料是由几十种香气和功能独特的植物性原料组成的，它来源于植物的根、茎、叶、花蕾、种子。

（一）香辛料的类型

香辛料按加工方式可分为：①原料型，不处理直接使用，如辣椒、桂皮、胡椒；②精油型，植物中富含特征风味的小分子化合物被提取纯化后得到的物质；③油树脂型，采用合格挥发性溶剂或超临界法萃取纯化香辛料粉末后，得到的带有芳香味道和特定性能的物质；④微胶囊型，采用微胶囊技术将植物的挥发性风味物质包埋（能减少环境因素对天然香辛料的不良影响）；⑤乳液型，天然香辛料被萃取后得到的油水混合液等。

（二）香辛料的应用

1. 香辛料在膨化食品中的应用

膨化食品是一种以谷物、薯类或豆类为主要原料，经焙烤、油炸、微波或挤压等方式膨化而制成的体积明显增大，具有一定酥松度的膨化食品。膨化食品调香时要注意主香和辅香的协调，需保持谷物、薯类及豆类固有的天然香味，并以此作为主香，即所加的香辛料可以烘托谷、薯或豆香，不能喧宾夺主。

2. 香辛料在汤料调味料中的应用

汤料调味料种类很多，依据用途不同，原料也有很大区别，主要用料有肉禽类原汁熬干物、鲜味剂、盐、色素、香辛料和油脂等。汤料调味料的关键在于风味和口感，所以香辛料的使用十分重要。香辛料的作用之一是提供辣味，常用的有胡椒粉、姜粉、辣椒粉、花椒、芥菜籽粉等；其次是提供风味，常用的有蒜、香葱、洋葱、芫荽、芹菜籽等；还有些可用于调色，如欧芹薄荷、芫荽等。

3. 香辛料在泡菜中的应用

泡菜用调料目的是给出适度的辣味，赋予浓郁的香气以掩盖发酵气。所用香辛料有肉桂、众香籽、芫荽籽、芥菜籽、生姜、月桂叶、丁香、黑胡椒、肉豆蔻衣、小豆蔻、莳萝、牛至、辣椒等，这些香辛料的要求是既要香气强烈，又要有很好的防腐性和抗氧化性。

4. 香辛料在肉灌制品中的应用

肉灌制品有香肠、肝肠、腊肠、红肠、茶肠、小肚、香肚、烟熏肠等，品种不同，加工工艺不同，配料也有很大区别。香辛料广泛用于各类肉灌制品，主要起到提升风味和遮蔽异味的作用，有些还有防腐抑菌、抗氧化和调色等作用。肉灌制品采用的香辛料除葱、姜、蒜、洋葱等生鲜香辛料外，还广泛使用"干调"香辛料，一般有八角、花椒、胡椒（西式肉灌制品以白胡椒为主）、肉豆蔻、砂仁、肉桂、茴香、枯茗（牛羊肉用）等。

第五节　调味设计

调味设计是食品配方设计的重要内容之一，食品的滋味是消费者判断食品质量的重要参数，直接影响消费者授受度和产品的市场竞争力。充分了解调味剂的属性和调味原理，掌握调味剂的应用方法、相互作用等，对于更好地将调味剂应用于新产品开发十分重要。

一、食品味觉概述

"民以食为天，食以味为先"，几乎所有的加工食品都离不开调味品。要想了解调味的原理，首先需要了解味觉的产生原理。味觉是指动物口腔内的味觉感受系统受到呈味物质的刺激，对其产生的一种生理感觉。食品味觉感知主要是通过口腔加工中释放的物质与味觉受体结合产生信号，进而通过大脑整合信息，形成对味道的认知。目前世界上对于味的分类一般分为基本味和复合味，基本味又称为五原味，即咸味、甜味、酸味、苦味和鲜味；复合味是由两种或两种以上的基本味混合后产生的味觉。

（一）五原味

1. 咸味

咸味是一种重要的基本味，被誉为"百味之王"，大部分食品的滋味都是以此为基础，然后再调和其他的味。咸味调味品不仅可以突出原料本身的鲜美味道，还兼具去除异味、去腥、解腻、增甜等功能。

2. 甜味

甜味是人们最喜爱的基本味，在调味中的作用仅次于咸味，可以增加鲜味、调和口味，还能去腥、解腻，能使烈味变得柔和醇厚，还能缓和辣味的刺激感和咸味的鲜醇感等。甜度一般以相对甜度来衡量，一般将蔗糖的甜度作为标准，定义为100，则乳糖的甜度为32，葡萄糖的甜度为70，果糖的甜度为170，转化糖的甜度为130。甜味剂的甜度通常也是以蔗糖为标准，用相对于蔗糖甜度的倍数来表示。

3. 酸味

酸味是人类已适应的味，适当的酸味能给人爽快的感觉，并且促进食欲，酸味的强度可以用pH表示，为3.1~3.8。常用的酸味剂有醋酸、乳酸、苹果酸、柠檬酸、酒石酸等。

4. 苦味

苦味是分布较为广泛的味感之一，自然界中的苦味物质要比甜味物质多，单纯的苦味物质并不令人愉快，但是与其他滋味调配得当能够丰富和改进食品的风味。常见的苦味物质有咖啡、苦瓜、茶叶、啤酒等。

5. 鲜味

鲜味是一种综合的味感，肉类、水产类、食用菌类等都有独特的鲜味。常用的增鲜剂有谷氨酸钠、5′-肌苷酸、5′-鸟苷酸，它们可以使食品的鲜味极大增强。

（二）味觉的影响因素

人的味觉会受到很多因素的影响，包括食物的温度、呈味物质的溶解度、食物的黏稠度、食物的粒度等。此外，个人嗜好、生理条件、饮食心理、季节变化、饥饿程度等对于味觉都有一定的影响。

1. 食物的温度

食物的温度高低对人的味觉会产生一定影响，最能刺激味觉神经的温度为 $10 \sim 40℃$ ，其中又以 $30℃$ 为最敏感。甜味和酸味的最适温度为 $35 \sim 50℃$ ，咸味的最适温度为 $18 \sim 35℃$ ，苦味的最佳温度为 $10℃$ 。在低于 $10℃$ 或高于 $50℃$ 时，味觉会变得迟钝。但值得注意的是，这些反应大都是"感受"现象，原味成分并没有改变。

2. 呈味物质的溶解度

由于呈味物质只有溶解之后才能被感知，因此呈味物质的溶解度对于味感也有影响。不溶于水的物质几乎没有味道。此外，溶解速率不同，产生味觉的时间、对味觉的维持时间也不同。通常而言，呈味物质溶解得越快味感产生得越快，消失得也越快。

3. 食物的黏稠度

黏稠度高的食物可以延长其在口腔中的黏着时间，及味蕾对滋味的感觉时间。当前一口食物的呈味物质还未消失时，又感受到后一口食物的滋味，从而产生一种接近于连续状态的美味感。

4. 食物的粒度

食物的粒度是食物的特征性质，人体舌头能感知的颗粒粒度为 $33\mu m$ 以上。因此，在巧克力生产中要经过研磨工艺，将物料的粒度控制在 $33\mu m$ 以下，从而保证口感细腻无粗糙感。通常来说，细度越大，食物颗粒越小，越有利于呈味物质的释放，对口腔的触动较柔和，对味觉的影响有利。因此，食物细腻可以美化口感，这对酱类、膏状等含水分较高的食物来说尤其重要。用豆泥、山药泥等蔬菜泥制作的"八宝豆泥""紫薯泥"，其颗粒的细度既是外观的要求，也影响到入口时的触觉美感和细腻享受。然而，有些食物因为要在咀嚼过程中才能体验出美好的口感和食用时的快乐，因此就必须有明显的粒度，适当的弹性、韧性及滑顺的质感。例如，点心制馅用的莲蓉、豆沙、蛋黄等，这些都需要在咀嚼过程中体验出颗粒细腻的美感。

二、调味的原理

调味就是指将各种呈味物质在一定条件下进行组合，从而产生新味。调味是一个较为复杂的、动态的变化过程，随时间的变化，味道也在变化。调味的原理主要有以下几种。

（一）味的强化

味的强化又称味的增效作用，即将两种或两种以上不同味道的呈味物质按照比例混合使用，从而突出某种呈味物质味的方法。这两种味既可相同，也可不同，值得注意的是，同味强化的结果可能会远大于两种味感的叠加。如在100mL水中加入15g的糖，再加入17mg的盐，会觉得甜味比不加盐时要甜。

（二）味的遮蔽

味的遮蔽，又称味的遮盖、味的相抵作用，是将两种或两种以上具有明显不同主味的物质混合使用，导致每种物质的味均减弱的一种调味方式。具有相抵作用的呈味成分可以作遮蔽剂，遮盖调味品原有的味道，如苦味与甜味等，具有较为明显的相抵作用。如1%~2%（质量分数）的食盐溶液，向其中添加7~10倍质量分数的蔗糖，大部分的咸味会被抵消。

（三）味的转化

味的转化，即将多种相互不同呈味物质混合使用，使每种呈味物质的本味都发生转变的调味方式。如豆腥味与焦苦味相结合能够产生肉鲜味。

（四）味的干涉

味的干涉，即加入一种味会使另外一种味失真。如菠萝味会使红茶变得苦涩。

（五）味的反应

味的反应，即食品的某些原理或化学状态会使人们的味感发生变化。如产品黏稠度、醇厚度能够增强味感，食品的pH小于3，其鲜度会下降。这些反应的原味成分并没有改变，如黏度高的食品本质是延长了食品在口腔内黏着的时间，从而导致味蕾对滋味的感觉时间也相应地延长。

三、调味剂的类型与应用

调味剂是改善食品的感官性质，使食品更加美味可口，并能促进消化液的分泌和增进食欲的食品添加剂。调味剂的种类很多，主要包括咸味剂、甜味剂、酸味剂、苦味剂、鲜味剂、辣味剂等。

（一）调味剂的类型

1. 咸味剂

咸味是一种基本味，被称为"百味之王"，是调制各种复合味的基础。咸味在很大程度上可以满足所有消费者的品味需求。例如，在众多风味的零食中，咸味零食一直以来都深受大众欢迎。如爆米花、薯片、饼干、蛋白泡芙，都有咸味系列产品。据英敏特数据统计，中国是全球领先的咸味零食消耗国。

咸味剂主要是由中性盐提供味道，具有咸味的物质主要是食盐（NaCl），还有一些其他化合物，如氯化钾、氯化铵、溴化钠、碘化钠、苹果酸钠等，它们的咸味程度各不相同，并且带有其他的味。盐在水溶液中解离后的正负离子都会影响咸味的形成。其中正离子属于定味基，主要是碱性金属离子，其次是碱土金属离子，它们容易被味觉感受器中蛋白质的羟基或磷酸吸附而呈现出咸味；阴离子称作助味基，大部分为硬碱性的负离子，它既影响着咸味的强弱，也影响咸味的副味。例如，在NaCl中，Na^+是咸味的定味基，Cl^-是咸味的助味基。

咸味作为调味中的主味，具有很多的表现方式。一是单纯的咸味，是直接由食盐表现出来的咸味，这种咸味如果强度过大会强烈刺激人的感官。此外，单纯的咸味不太容易与其他的味融合，使用不得当的话，有可能会出现味道失衡，影响产品的味道。二是由酱油、酱类表现出的咸味，这种咸味来自酿造物、食盐与氨基酸、有机酸等的整体，由于氨基酸和有机物可起到缓冲作用，这种咸味更加柔和。三是同动物蛋白质和脂肪共存一体的咸味，例如含盐的猪骨汤、鸡架汤等，食盐与蛋白质、糖类、脂肪等共存一体，特别是脂肪的存在，能够进一步降低咸味的刺激性。当然，除了以上三种表现形式外，咸味还有其他的表现形式，如甜咸味、腌菜的咸味等。

需要指出的是，食盐中钠离子能增强人体血管的表面张力，容易造成人体血液流速加快、血压升高。因此，当前全社会都在大力提倡"减盐"，即"减钠"。由此，市场上出现低钠盐，它是以碘盐为原料，又添加了一定量的氯化钾和硫酸镁，可降低患高血压、心血管疾病的风险。同时，一些咸味肽的开发也是当前"减盐"和"代盐"的一个重要方向，值得深入研究和开发。

2. 甜味剂

甜味剂种类非常丰富，通常分为营养性的低倍甜味剂和非营养性的高倍甜味剂。营养性甜味剂是指与蔗糖的甜度相等时的质量对应，热量相当于蔗糖的2%以上的甜味剂，主要包括各种糖类（如葡萄糖、淀粉糖、果糖等）和糖醇类（麦芽糖醇、d-甘露醇、赤藓糖醇、山梨醇、木糖醇等）。营养性甜味剂特点是有甜度、有热量。除果糖、木糖醇等外，营养性甜味剂的相对甜度，一般低于蔗糖。

非营养性甜味剂是指与蔗糖的甜度相等时的质量对应热量低于蔗糖的2%的甜度剂。非营养性甜味剂的特点是高甜度，可分为化学合成、半合成和天然提取三类。化学合成的有糖精、安赛蜜、阿斯巴甜等；半合成的有三氯蔗糖和二氢查耳酮的部分衍生产品；天然提取的包括甜菊苷、罗汉果甜、甘草甜等。

不同的甜味剂由于呈味物质本身的基团和结构的不同，产生的甜味也有很大的不同，主要表现在甜感特色和甜味强度两个方面。甜感是一个动态过程，表现为刺激强度、感觉强度与时间之间的复杂关系。通常合成甜味剂的甜味不纯，夹杂有苦味，是令人不愉快的甜感。例如，糖精的甜味与蔗糖相比，糖精浓度在0.005%（质量分数）以上即显示出苦味和有持续性的后味，浓度越高，苦味越重。天然糖类的甜味强度差异一般表现为碳链越长，甜味越弱。例如，双糖有甜味，而大多数的多糖无甜味。

甜味能够减轻和缓解由食盐带来的咸味强度，减轻盐对味蕾的刺激，以达到平衡味道的作用。此外，还原性的糖类与调味剂中的含氮小分子化合物反应，还能起到增香和着色等作用，在经热反应加工的复合调味料生产中，可根据产品的颜色深浅要求从而确定配方中还原糖的含量。

3. 酸味剂

酸味剂，也称酸度调节剂，是能够赋予食品酸味的食品添加剂，有增进食欲、促进消化吸收的作用。除去调酸味以外，酸味剂兼有调节食品pH、改善食品风味、抑菌（防腐）、防褐变、缓冲、螯合金属离子等作用。

我国现已批准许可使用酸味剂的有：柠檬酸、乳酸、磷酸、酒石酸、苹果酸、偏酒石酸、乙酸、盐酸、己二酸、富马酸、氢氧化钠、碳酸钾、碳酸钠、柠檬酸钠、柠檬酸三钾、碳酸氢三钠、柠檬酸一钠等。酸味剂分为有机酸和无机酸，食品中天然存在的酸主要是有机酸，如柠檬酸、苹果酸、酒石酸、绿原酸等。目前作为酸味剂使用的主要是有机酸。不同有机酸表达的酸味不一样，如醋酸具有刺激的臭味，琥珀酸有鲜辣味，柠檬酸、乳酸有温和的酸味，酒石酸有发涩的酸味。无机酸主要是磷酸，一般认为其风味不如有机酸好，应用较少。

酸味剂的酸味是由于舌黏膜受到氢离子的刺激而产生的，因此，在溶液中能够解离出氢离子的化合物通常具有酸味。但酸味不仅与氢离子有关，也受酸味剂阴离子的影响。酸味的强弱不能单用 pH 来表示。在同样的 pH 条件下，有机酸比无机酸酸感要强，这主要是由于有机酸的阴离子容易吸附在舌黏膜上，中和了舌黏膜中的正电荷，使得氢离子更容易与舌味蕾相接触，而无机酸的阴离子容易与口腔黏膜蛋白质相结合，对酸味的感觉有钝化作用。在相同 pH 下，酸度由强到弱顺序为：乙酸>甲酸>乳酸>草酸。另外，不同的有机酸阴离子在舌黏膜上的吸附能力不同，因此，在相同浓度下各种酸的酸味强度也不相同。同一浓度的酸吸附能力由强到弱顺序为：甲酸>乙酸>柠檬酸>苹果酸>乳酸>丁酸。

酸味剂在食品加工中被广泛应用，尤其是在饮料中。此外，由于酸味具有去腥解腻的作用，尤其在烹饪的禽类或内脏及各种水产品时，加入酸味调味剂，能很好地去除原料本身的腥味，并且酸味调味剂能促使骨类原料中的钙的溶出，并产生可溶性的醋酸钙，增加人体对钙的吸收，也能使原料骨的骨质酥脆，产生较好的口感。

相较于很多其他食品风味，酸味更加连绵，如同一种后灼烧感，让人回味无穷，是食品风味的一种发展趋势。《风味和菜单》（Flavor & the Menu）上的一篇研究文章介绍："消费者对健康食品、天然食品、民族美食以及混搭食材的重视和热衷是食品风味向强烈的酸味发展的最重要的推动力。"这份研究报告还指出酸味令食物的风味更加多样化。有学者认为酸味能够赋予食品一种风味饱满感，而酸味赋予的这种强烈的风味饱满感正是美食家以及大厨们所青睐的。

4. 苦味剂

苦味是五原味之一，排斥苦味是动物在长期进化过程中形成的自我保护机制，因为大多数天然苦味物质都具有毒性。苦味的阈值极低，在较低的浓度下就可以刺激味蕾并被品尝出来。单纯的苦味和强烈的苦味通常是不容易被接受的，但是苦味在调味方面有着重要的作用。

苦味没有独立的味道价值，没有专门的苦味食品添加剂。苦味剂较少，大多数都属于天然物质，如单宁、陈皮、苦杏仁等。苦味物质能够刺激味觉感受器，提高或恢复各种味觉感受器对味觉的敏感性，从而增加食欲。苦味如果调配得当，能起到丰富和改进食品风味的作用，如苦瓜、莲子、白果、啤酒等均有一定苦味，但都被人们视为美味食品。在菜肴中使用一点略有苦味的原料，可起到消除异味和清香爽口的作用。苦味物质的阈值都非常低，只要在酸味、甜味等味道中加入极少的苦味就能增加味的复杂性，提高味的嗜好性。

根据美国市场调查机构 SPINS 发布的市场分析报告，苦味被列为 2019 年十大趋势之一，它作为"反潮流"的一种创新性风味，对那些越来越介意糖含量的消费者来说有着很大的吸引力。而且当苦味物质与消化健康相结合时，将更具发展空间与潜力。如在鸡尾酒市场，低酒精度、草本风味和苦味的流行印证着消费者的口味趋向国际化、多样化发展。如意大利开胃鸡尾酒（图 3-9），其低酒精度版本的销量在 2020 年增长了50%，里面添加了龙胆草根和其他草本植物。龙胆草在欧洲有着悠久的食用历史，一般用来调和啤酒风味，或加到菜肴中以促进食欲，如今却成为苦味饮料中出现频率极高的配料。

图 3-9　意大利开胃鸡尾酒

5. 鲜味剂

鲜味剂也称增味剂或风味增效剂，是补充或增强食品原有风味的物质。鲜味剂不同于酸、甜、苦、咸等基本味，它不影响任何其他味觉刺激而只增强这些刺激各自的风味特征，从而改善食品的特性。鲜味剂对于中式烹饪的调味而言起到了至关重要的作用。鲜味可增强食品的鲜美口味，增加无味或味淡原料的滋味，同时还具有刺激人的食欲、抑制不良气味的作用。鲜味在食品中一般有两个来源：一是富含蛋白质的原料在加热过程中分解成低分子质量的含氮物质；二是加入了鲜味调味料，如味精、酱油等。

按化学成分的不同，鲜味剂大致可以分为三类：核苷酸类、氨基酸和有机酸类。目前市场上作为商品的鲜味调味剂主要是核苷酸类和谷氨酸类。根据来源的不同，鲜味剂可以分为动物性鲜味剂（如肉类抽提物、鱼露、蚝油）、植物性鲜味剂（如水解植物蛋白、香菇抽提物）、微生物鲜味剂（如酵母抽提物、谷氨酸、肌苷酸）。常见的鲜味调味剂有味精、干贝素、L-丙氨酸、甘氨酸、水解植物蛋白等。鲜味成分的结构通式为：—O—C$_n$—O—，$n = 3 \sim 9$。其结构通式表明，鲜味分子需要一条 $3 \sim 9$ 个碳原子的脂链，而且两端都带有负电荷，当 $n = 4 \sim 6$ 时，鲜味最强。鲜味剂呈鲜味效果与 pH 有关，当 pH 达到等电点时，呈味最低；pH$=6 \sim 7$ 时鲜味最高；pH>7 时，鲜味完全消失。鲜味能够引发食品自有的自然风味，是多种食品的基本呈味成分，选择合适的鲜味剂可以突出食品的特征风味。鲜味剂对各种加工的蔬菜、肉类、禽类、乳类、水产类、饮料类乃至酒类都起到良好作用。

6. 辣味剂

辣味虽然不是五原味之一，但却是饮食和调味剂中的一种重要的味感。辣味不属于味觉，只是舌、口腔和鼻黏膜受到刺激所感到的痛觉。辣味具有刺激肠胃蠕动、增强食欲、帮助消化等功能。辣味物质是食品加工中的重要原料，常见的辣味物质来源主要有辣椒、葱、姜、蒜、胡椒等。不同的辣味物质产生的辣味刺激是不同的，且辣味物质的浓度不同，辣感也会有所不同。

辣味物质大致可以分为热辣味物质、辛辣味物质和刺激辣味物质三大类。热辣味物质是指在口腔中能引起灼烧感觉而无芳香味的辣味，常见的有花椒、辣椒、胡椒等；辛辣味物质的辣味伴有较强烈的挥发性香味，对味感和嗅感具有双重刺激作用，常见的有姜、肉豆蔻和丁香等；刺激辣味物质是指既能刺激舌和口腔黏膜，又能刺激鼻腔和眼睛，具有味感、嗅感和催泪性的物质，常见的有蒜、葱、芥末等。

辣味最受消费者欢迎的味之一，消费者对辣味主菜、调味品和零食的接受程度较高。辣酱、辣味调味料和辣味零食等在全球流行。辣味是最具潜力的零食口味之一。我国辣条出口至约 160 个国家和地区。专为辣味狂热者创立的美国某零食品牌，推出了超辣薯片系列，每种口味都掺入了不同的辣味物质，从温和的墨西哥辣椒到令人畏惧的魔鬼辣椒，每种口味都伴随独特的舌尖刺激体验，深受消费者喜爱。

（二）调味剂在食品工业中的应用

1. 咸味剂的应用

食盐是最常用的咸味调味剂之一，其主要的成分为 NaCl。

（1）食盐在肉制品中的应用　食盐是肉制品加工中的添加物之一，肉制品中加入食盐能够为肉制品提供咸味，增加鲜味，同时能够去腥、提鲜、解腻、减少或掩饰异味、平衡风味，此外还能突出原料的鲜香之味，丰富肉制品的风味。食盐在生肉制品中的添加量一般为 4%（质量分数），在熟肉制品中的添加量为 2% ~ 3%（质量分数）。

（2）食盐在焙烤食品中的应用　食盐在焙烤食品中的添加量较低，一般为 0.5% ~ 2%（质量分数)。生产过程中加入食盐可以补充微量元素，提供咸味口感，还可以和糖同时作用，使咸味和甜味协同，增加产品风味，同时，添加微量的食盐可以增强鲜味和甜味。

2. 甜味剂的应用

糖类是最常用的甜味剂之一，是食品工业不可或缺的重要原料。它能提供甜味促进食欲。不同的产品对于甜味剂的要求不同，碳酸饮料中要求甜味剂呈味快，甜味消失快；焙烤食品中要求甜味消失慢，延长甜味在口腔中的停留时间；而口香糖要求有绵延的甜味。糖类的种类很多，常用的糖类有白砂糖、果葡糖浆、转化糖浆、葡萄糖浆、果糖、麦芽糖浆等。

(1) 糖类在焙烤食品中的应用   糖类是焙烤食品中最常添加的甜味调味剂。在焙烤食品生产过程中，加入糖类可以使产品拥有更好的口味和风味。焙烤食品在烘烤过程中受高温作用，小部分糖会发生焦糖化作用变成焦糖，使制品变成诱人的金黄色，同时还会产生烘焙制品特有的焦香风味。

(2) 糖类在冰淇淋中的应用   糖类通过增加冰淇淋的甜味以及增加奶油风味从而提高产品的可接受度。但不同甜味剂在口腔里的甜味表现不一样，相同浓度的葡萄糖、果糖和蔗糖溶液在口腔中的感受也不同，整体而言，果糖溶液的甜度最高，葡萄糖溶液的甜度最低，果糖溶液能让人最先感受到甜度，甜度持续的时间也最短，葡萄糖溶液次之，蔗糖让人感受到甜度最慢，持续时间最长。不同糖类对冰淇淋质构品质的影响也不一致，例如，在配方一致的情况下，果葡糖浆比葡萄糖浆能够更大程度地增加冰淇淋凝冻环节的膨胀体积，使产品具有更好的形态和风味。

此外，糖的浓度不同，对冰淇淋的质构影响也不同。糖浓度增加，冰淇淋的硬度将减小，因为糖浓度的增加能减小冰淇淋冰晶的粒径，从而增加冰淇淋的爽滑感。

(3) 糖类在果脯果酱中的应用   果脯 (图3-10) 是指原料经糖渍、干燥等工艺制成的略有透明感，表面无糖霜析出的制品。果酱是以水果、果汁或果浆等为主要原料，同时加入糖、酸、增稠剂等辅料，经预处理、煮制、打浆、配料、浓缩和包装等一系列工艺加工而成的酱状产品。果脯与果酱的产品开发有助于提高果品的附加值，丰富产品种类。

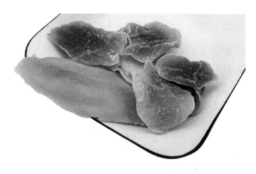

图3-10   果脯

果脯、果酱中常用的糖类有果葡糖浆、白砂糖、葡萄糖浆等。果脯、果酱制备过程中需要加入高浓度糖，给予产品适当的甜度、良好的风味。果酱中的含糖量一般为60%~65%（质量分数）。研究发现，甜味剂的种类会影响果酱的感官品质。例如，在三叶木果酱的生产过程中，添加黑糖能保持其最优的质构特性。

3. 酸味剂的应用

酸味剂主要包括食醋、柠檬酸、苹果酸等。酸味剂不但可以促进食欲，还能赋予食品独特的风味，广泛应用于饮料、糕点等产品中。

(1) 酸味剂在饮料中的应用   柠檬酸在饮料中提供特定的酸味，并改善饮料的风味，特别适合柑橘类饮料，在其他饮料中也可以单独或合并使用，一般饮料中柠檬酸的用量为1.2~1.5g/kg，浓缩果汁中为1~3g/kg。苹果酸酸味圆润，刺激缓慢，其刺激性保留时间长，酸味比柠檬酸强 20% 左右，对于人工甜味剂的饮料具有遮蔽后味的效果，可用于果汁、清凉饮料中，一般添加量为 2.5~5.5g/kg。

（2）酸味剂在水果罐头中的应用　糖水水果罐头中注入的糖液中常常添加适量的柠檬酸，可以保持或改进水果罐头的风味，降低某些酸度较低的水果罐藏时的 pH，减弱微生物的抗热性并抑制其生长，防止水果罐头发生细菌性胀罐和破坏。一般添加量为：桃罐头 2~3g/kg、橘片 1~3g/kg、梨 1g/kg。

（3）酸味剂在糖果中的应用　在糖果中加入柠檬酸可使果味协调。柠檬酸多用于硬糖，能够缓解其甜度，同时提高水果香气的效果，酸度比例适度能产生良好的味感。一般硬糖中的柠檬酸的添加量为 10g/kg，淀粉软糖中的添加量为 4~10g/kg，在果胶软糖中添加柠檬酸可以调节 pH，使软糖的韧度提高。

4. 苦味剂的应用

苦味物质分布广泛，种类复杂，大部分都存在于植物中，少部分来自动物。主要包括多酚、生物碱、无机盐等。

（1）苦味剂在饮料中的应用　苦味剂主要作为饮料的配料，尤其是在植物蛋白饮料、茶类饮料和酒中应用较多。例如，多酚类物质单宁是葡萄酒苦涩味的主要来源，能够赋予葡萄酒独特的味觉感受，同时因为单宁具有辛香气味，可以作为香料应用于饮料加工中。

（2）苦味剂在其他食品中的应用　许多无机盐都具有苦味，且苦味随着阴离子和阳离子直径的增大而逐渐增强，例如，碘化物比溴化物苦。氯化钙是具有苦味的无机盐物质之一。

5. 鲜味剂的应用

鲜味可使菜肴风味变得柔和、诱人，能促进唾液分泌，增强食欲。所以在烹饪中，人们利用鲜味剂或原料自身的鲜味调和食物，以期达到良好的调味效果。鲜味物质广泛存在于动植物原料中，如畜肉、禽肉、鱼肉、虾、蟹、贝类、海带、豆类、蘑菇等。烹饪中可用这些动植物原料煮汤，以其鲜汤来调味。

（1）植物性鲜味剂　植物性鲜味剂是指以植物性烹饪原料为主料，经一定加工过程制成的，用于点提菜品鲜味的调味剂。这类鲜味剂广泛应用于食物调味，是食品加工、日常生活的必需品。植物性鲜味剂包括味精、笋粉、蘑菇粉、香菇粉、菌油、蘑菇浸膏、素汤、腐乳等。

（2）动物性鲜味剂　动物性鲜味剂是指以动物性烹饪原料为主料，经一定加工过程制成的，用于点提菜品鲜味的调味剂。动物性鲜味剂种类繁多，包括蚝油、鱼露、鱼酱汁、虾油、虾酱、虾籽、蟹油、蛏油、鸡精、牛肉精、肉汤等，且有逐年增多的趋势，也是我国调味品市场发展的热点。

（3）水解植物蛋白在糖果、糕点中的应用　水解植物蛋白是新型食品添加剂，主要以鸡肉、猪肉、牛肉为原料，通过酸解法和酶解法制备。将其添加到产品中能够提高蛋白质、氨基酸的含量，同时能够使产品甜度降低、不粘牙、增加产品的香气。

6. 辣味剂的应用

辣味剂主要来源于植物性原料，包括辣椒、胡椒、姜、蒜等。不同的辣味剂的辣味来源不同。辣椒的辣味主要来源于类辣椒素；胡椒中的辣味物质主要是胡椒碱、异胡椒碱；鲜姜的辣味成分是一类邻甲氧基酚基烷基酮；蒜的主要辣味成分为蒜素、二烯丙基二硫化物、丙基烯丙基二硫化物。花椒含有挥发油和芳香物质，有去腥味、去异味、增香味的作用。大蒜是一种常见的辣味调味剂，烹饪时加入大蒜可以去腥、增香，同时大蒜中含有大蒜素，对于葡萄球菌、大肠杆菌、伤寒杆菌、霍乱弧菌等有一定的杀菌作用；胡椒有去腥、解油腻、增加食欲的功能，在烹饪时加入可以增加菜肴的香味。

第六节　质构改良设计

营养、风味（香味和滋味）、外观（颜色和形状）、质构均是食品重要的属性。质构是味觉体验的关键因素，是消费者品尝体验食品的评判指标。开发新产品最重要的工作之一就是要对食品质构进行改良，质构特性是消费者判断食品品质和新鲜度的一个重要标准。当一种食品进入消费者口腔时，软、硬、脆等感官性质能够一定程度上反映食品的新鲜度、细腻度以及成熟度等。传统上，产品开发往往仅从食品风味和嗅觉体验上对食品予以优化。食品质构正在日益成为影响消费者对食品接受度的一个关键指标。

一、食品质构改良的原理

（一）食品质构的定义

食品质构，在食品物性学研究中，被描述成消费者对食品的入口、接触、咀嚼、吞咽产生的一系列综合感受，在消费者用语中称为"口感"，也称为食品质地，是食品的重要属性，指通过触觉、视觉、听觉对食品产生的综合感觉（软硬、黏稠、酥脆、滑爽等）所表现出来的食品物理性质。美国食品科学学会（IFT）规定：食品质构指人体的眼睛、口腔黏膜及肌肉所感觉到的食品性质，包括粗细、爽滑、颗粒感等；国际标准化组织（ISO）规定：食品质构指用力学、触觉、视觉、听觉可感知的食品流变特性的综合感觉。

（二）食品质构的分类

食品质构通常可以分为机械特性、几何特性和其他特性。机械特性中一次特性包括硬度、凝聚性、黏性、弹性、黏附性等，二次特性包括酥脆性、咀嚼性、胶着性，可以通过质构仪进行测定。几何特性指粒子的大小、形状和方向，主要指颗粒感、细腻度等。其他特性包括物料的水分、脂肪含量等，主要指油性感、爆汁感等。

（三）食品质构改良方式

食品质构的改良有两种常用途径：一是通过生产工艺进行改良，例如在乳饮料生产中采用均质的手段处理，细化乳脂肪，防止脂肪上浮，避免分层，达到品质改良的效果；二是改进配方设计，这是食品配方设计的主要内容之一。食品质构改良设计的方式主要包括增稠（胶凝）、乳化、持水、膨松、催化、氧化、上光、抗结、保湿、消泡等。

二、食品改良剂的类型与应用

食品改良剂不单独作为食品来食用，而是作为配料加入食品中，属于食品的一部分，主要是为了改善食品的品质和延长食品的食用期限。天然食品改良剂不仅可以防止营养流失，还可以提高营养吸收能力。目前，几乎所有的食品中都含有不同种类和剂量的食品改良剂，食品改良剂是食品行业发展的必需品。

（一）食品改良剂的类型

为达到食品质构改良的目的，有必要选择合适的改良剂。下面介绍主要的食品改良剂及其应用。

1. 增稠（胶凝）剂

增稠（胶凝）剂通常指能溶解于水中，并在一定条件下充分水化后形成黏稠、滑腻溶液的大分子物质，主要是食品胶类物质，在食品加工中可起增稠、凝胶、稳定、乳化、悬浮、絮凝、黏结、成膜等作用，所以也常作为增稠剂、稳定剂、悬浮剂等。

根据来源不同，食品胶主要分为植物胶、动物胶、微生物胶、海藻胶、化学改性胶等。常见的植物胶有瓜尔胶、槐豆胶、罗望子胶、阿拉伯胶、果胶、魔芋胶等。常见的动物胶有明胶、壳聚糖、乳清浓缩蛋白等。常见的微生物胶有黄原胶、结冷胶、酵母多糖等。常见的海藻胶有海藻酸（盐）、琼脂、卡拉胶、红藻胶等。常见的化学改性胶有羧甲基纤维素钠、微晶纤维素、甲基纤维素、变性淀粉等。各种食品胶的特性如表 3-6 所示。

表 3-6　　食品胶的特性比较（各种特性按强度从强到弱排序）

特性	食品胶种类
抗酸性	海藻酸丙二醇酯、抗酸型羧甲基纤维素钠、果胶、黄原胶、海藻酸钠、卡拉胶、琼脂、淀粉
增稠性	瓜尔豆胶、黄原胶、槐豆胶、魔芋胶、果胶、海藻酸钠、卡拉胶、羧甲基纤维素钠、琼脂、明胶、阿拉伯胶
吸水性	瓜尔豆胶、黄原胶
溶解度（冷水中）	黄原胶、阿拉伯胶、瓜尔豆胶、海藻酸钠
凝胶强度	琼脂、海藻酸钠、明胶、卡拉胶、果胶
凝胶透明度	卡拉胶、明胶、海藻酸盐
凝胶热可逆性	卡拉胶、琼脂、明胶、低酯果胶
快速凝胶性	琼脂、果胶
假塑性	卡拉胶、黄原胶、槐豆胶、瓜尔豆胶、海藻酸钠、海藻酸丙二醇酯
乳类稳定性	卡拉胶、黄原胶、槐豆胶、阿拉伯胶
悬浮性	琼脂、黄原胶、羧甲基纤维素钠、卡拉胶、海藻酸钠

其中，明胶不仅是质构改良剂。法国供应商将明胶从仅在果冻上的用途扩展到功能性食品和膳食补充剂方面。他们认为明胶既是质构改良剂，又是一种多功能蛋白质。欧洲明胶生产商协会（GME）称，明胶含有 84%～90%（质量分数）蛋白质、1%～2%（质量分数）矿物盐，其他成分为水。已有将明胶用于即食米饭的强化食品涂层的研究。

通常，单一食品胶不能解决生产过程中的全部技术问题，因此需通过复配食品胶发挥互补作用，以满足不同食品的生产需求。复配食品胶有诸多优势：复配食品胶可以产生协同增效作用以改善胶体性能，从而使其应用更加广泛；复配食品胶还可以掩蔽胶体之间的风味以优化食品味感；通过复配还可以降低生产成本、增强食品安全性等。需要注意的是，复配食品胶的协同作用包括协同增效作用和相互抑制作用，在食品工业中应选择功能互补而避免功能相克的食品胶复配。例如，κ-卡拉胶与槐豆胶、魔芋胶之间存在协同增效作用，但与琼脂、黄原胶、瓜尔豆胶、羧甲基纤维素、海藻酸钠、果胶之间没有协同增效作用；黄原胶具有良好的复配性，可与其他胶体复配起协同增效作用；琼脂与槐豆胶、卡拉胶、黄原胶、明胶之间存在协同增效作用，但与瓜尔豆胶、羧甲基纤维素、海藻酸钠、淀粉、果胶之间会产生相互抑制作用。

2. 水分保持剂

水分是食品的重要组成成分之一，适宜的水分含量是维持食品质构、形态的重要因素。水分保持剂作为有助维持食品中水分稳定的一类食品添加剂，多指用于肉类和水产品加工中增强水分稳定和提高持水性的磷酸盐类，此类盐具有较强的亲水性，可稳定食品中的水分。目前，我国已批准使用的磷酸盐共 10 种，包括三聚磷酸钠、六偏磷酸钠、磷酸三钠、磷酸氢二钠、磷酸二氢钠、焦磷酸钠、焦磷酸二氢二钠、磷酸二氢钙、磷酸氢二钾和磷酸二氢钾。磷酸盐的持水性与其种类、添加量、产品的 pH、离子强度等因素有关。对于肉制品来说，持水能力最好的是焦磷酸盐，其次是三聚磷酸盐。随着碳链量的增加，多聚磷酸盐的持水能力逐渐减弱，而正磷酸盐的持水能力较差。

然而，单一磷酸盐不能满足食品加工技术的发展需求。在实际生产应用中，往往添加各种复配型磷酸盐作为食品配料和功能添加剂，复配型磷酸盐的研发日益成为磷酸盐类食品添加剂应用的发展方向。

3. 膨松剂

面包、蛋糕、馒头等食品受到消费者的青睐，其中一个主要特点是具有海绵状多孔组织，口感柔软。入口咀嚼时，口腔中分泌的唾液很快渗入食品的组织中，溶出食品中的可溶性物质，刺激味觉神经，消费者能迅速感受到食品的特征风味。在食品中引入气体，不仅需要在加工过程中将气体与食品原料充分混合，达到令人满意的质构，还需要经过时间、运输等多重考验。因此，研究如何保持气泡的稳定性也成了现在的行业热点问题。

膨松剂是指添加于以面粉为主要原料的焙烤食品中，可使食品具有膨松、柔软或酥脆感的一类食品添加剂。在加工过程中膨松剂受热分解产生气体，使面坯起发，形成致密多孔结构，因而也称为疏松剂、膨胀剂或面团调节剂。膨松剂在小麦粉制品（面包、饼干、蛋糕、馒头、大饼、油条等）中不可或缺。生产中常用的膨松剂分为化学膨松剂和生物膨松剂两大类。化学膨松剂又根据其在水溶液中所呈现的酸碱性分为碱性膨松剂和酸性膨松剂。复合膨松剂是采用 GB 2760—2014《食品安全国家标准　食品添加剂使用标准》中允许使用的食品添加剂品种经物理方法混合而成的膨松剂。

（1）碱性膨松剂　碱性膨松剂主要为碳酸氢盐，如碳酸氢钠、碳酸氢铵等。它们在焙烤时会自身直接分解生成气体。碱性膨松剂价格低廉，保存性好，使用时稳定性高。但同时存在一些缺点，如碳酸氢铵分解后残留碳酸钠，导致食品体系呈碱性，影响质量和口感，且若使用不当，会造成食品表面呈黄色斑点；碳酸氢铵分解后产生气体的量比碳酸氢钠多、起泡能力强，容易使成品过松，内部或表面出现大的孔洞。此外加热时产生具有强烈刺激性的氨气，虽易挥发，但也可能会在成品中残留，从而带来不良的风味。因此，在使用碱性膨松剂时要适当控制用量。

（2）酸性膨松剂　酸性膨松剂主要是磷酸氢钙、酒石酸氢钙等。酸性膨松剂会产生二氧化碳和中性盐，既可避免食品产生不良气味，又可防止因碱性增大而导致食品品质下降，还能控制气体产生的快慢。例如，磷酸氢钙分解缓慢，产气较慢，有迟效性，虽使食品组织稍有不规则，但口味与光泽较好；酒石酸氢钾的疏松性与磷酸氢钙相似，产气也较缓慢。

（3）生物膨松剂　生物膨松剂主要指酵母。酵母是面制品中非常重要的一种膨松剂，它可以膨大面团体积、提高营养价值和增加风味。利用酵母作膨松剂，需要控制面团的发酵温度，温度过高（大于35℃）时，酵母大量繁殖，面团的酸度增加，而面团的 pH 与其制品的体积密切相关。

（4）复合膨松剂　复合膨松剂又称发酵粉、泡打粉、发泡粉等，是目前应用最多的膨松剂。复合膨松剂由碳酸盐类、酸性盐（或有机酸）和助膨剂（淀粉、脂肪酸）等物质复配而成。在复配时，应注意酸性盐与碱性盐二者的比例能反应完全，避免酸性盐或碱性盐残留。

我国规定允许使用的膨松剂有 9 种，分别为碳酸氢（钾）、碳酸氢钠、碳酸氢铵、轻质碳酸钙（碳酸钙）、硫酸铝钾（钾明矾）、硫酸铝铵（铵明矾）、磷酸氢钙、酒石酸氢钾、焦磷酸二氢二钠。

4. 乳化剂

乳化剂是一类添加于食品后可使体系形成稳定状态的食品添加。乳化剂可以显著降低油水两相界面张力，使互不相溶的油（疏水性物质）和水（亲水性物质）形成稳定乳浊液。亲水亲油平衡值（HLB）是衡量食品乳化性的重要指标，亲油性 100% 者 HLB 为 0，亲水性 100% 者HLB 则为 20，其间分为 20 等份以表示其亲水、亲油性的强弱。HLB 越大则亲水性越强，反之则亲油性越强。通常情况下，HLB 小于 7 的乳化剂可用于油包水型乳液体系，HLB 大于 7 的乳化剂可用于水包油型乳液体系。山梨醇酐单硬脂酸酯（Span-60）与聚甘酯复配可将乳化剂的HLB 调整至 8~10，这既可以提高其乳化能力并减少乳化剂用量 20%~40%，又可以增强其发泡性从而改善冰淇淋等产品的质构，提高膨胀率与抗融性。在加工过程中，乳化剂的选择是关键，通过 HLB 能直观方便地按需选择乳化剂，因此，多年来 HLB 一直作为选择合适乳化剂的重要依据。我国批准使用的乳化剂有 30 多种，常见的有甘油酯及其衍生物、蔗糖脂肪酸酯、山梨醇酐脂肪酸酯、聚山梨酸酯、大豆磷脂、酪蛋白酸钠、卵磷脂等。食品乳化剂一般有四种作用：乳化作用、助溶作用、抗老化作用、发泡及消泡作用。

（1）乳化作用　显著降低油水两相界面张力，提高乳浊液的稳定性。当表面活性剂吸附在乳滴界面时，可起到屏障的作用，阻碍液滴之间相互聚集。常应用于植物蛋白饮料加工中，用于维持饮料体系稳定。

（2）助溶作用　当体系中小分子乳化剂的含量大于临界胶束浓度时，表面活性剂分子聚集后形成胶束，将溶剂体系划分为疏水区域和亲水区域。此时溶液的表面张力下降得最快，使溶解的物质逐渐吸附于胶束的亲水区，以达到助溶的目的。

（3）抗老化作用　食品乳化剂在谷物食品中可作为抗老化剂，能与面包、馒头等食品中的直链淀粉反应，从而降低淀粉溶胀能力，抑制淀粉重结晶，以防老化，最终提高面包、馒头等面制品的软度。如市售的珍珠粉圆普遍采用的原料有木薯淀粉、仙草粉、糖浆、羧甲基纤维素（CMC）。

（4）发泡及消泡作用　含有饱和脂肪酸链的乳化剂可用作发泡剂。通过在食品内部产生气泡，使食品外观具有蓬松感，常用于糕点、面包等面制食品加工中；而含有不饱和脂肪酸链的乳化剂可用作消泡剂，抑制或消除气泡，且不影响产品口感，广泛应用于乳制品、饮料等。

然而，仅使用单一乳化剂很难达到理想效果，因此在实际生产中往往将两种或两种以上的乳化剂复配使用，以达到更好的效果。复配乳化剂也存在协同增效作用，水溶性和油溶性部分各自吸附在界面上形成紧密复合物，具有较高强度，更有利于降低界面张力，从而增强乳化能力。例如，分子蒸馏甘油单酯与蔗糖酯复配后的 HLB 为 8~10，其乳化能力提升了 20% 以上，且可以提升冰淇淋的抗融性、改善质构。由此可见，复配乳化剂可以提高乳化效果、增强乳液稳定性。

5. 抗结剂

抗结剂是一类添加于颗粒或粉末状食品中，能够防止颗粒或粉末状食品聚集结块并且保持松散或自由流动状态的食品添加剂。抗结剂的原理主要是吸收多余水分或附着在颗粒表面使其具有疏水性。有些抗结剂是水溶性的，有些则溶于酒精和/或其他有机溶剂。我国允许使用的抗结剂有 5 种：亚铁氰化钾、磷酸三钙、硅铝酸钠、二氧化硅、微晶纤维素。

6. 消泡剂

消泡剂是一类在食品加工过程中降低表面张力、消除泡沫的食品添加剂。常用的消泡剂有两类：一类能消除已产生的气泡，如乙醇等；另一类则能抑制气泡的形成，如乳化硅油等。我国允许使用的消泡剂有 7 种：乳化硅油、高碳醇脂肪酸酯复合物（DSA-5）、聚氧乙烯聚氧丙烯季戊四醇醚（PPE）、聚氧乙烯聚氧丙醇胺醚（BAPE）、聚氧丙烯甘油醚（GP）、聚氧丙烯氧化乙烯甘油醚（GPE）、聚二甲基硅氧烷。

（二）食品改良剂的应用

1. 增稠（胶凝）剂

以马蹄糕为例，市面上出售的马蹄粉通常含有 5%~40%（质量分数）淀粉，造成在蒸煮时，容易出现上下分层的现象，难以形成爽口且富有弹性的糕体。马蹄糕冷却后有析水现象，不利于制成冷冻方便食品。然而，在马蹄粉中加入适量罗望子胶可以制出润滑爽口、有弹性、有咬劲的马蹄糕。此外，在核桃酱中添加低浓度黄原胶对核桃酱有比较理想的增稠作用，且不影响核桃酱的流动性。黄原胶还有稳定相态和减弱核桃蛋白质热凝聚的作用。黄原胶在核桃酱中不仅有提高产品品质的作用，而且还有乳化稳定作用。一些增稠剂的常见应用如下。①海藻酸钠（钾）：按生产需要适量添加于各类食品；②琼脂：用于糖果、果酱、冰淇淋、豆馅、果冻等食品中；③卡拉胶：用于冰淇淋、可可乳糕、可可牛乳、可可糖、面包等食品中；④罗望子胶：用于果汁乳饮料、果酱、马蹄糕等食品中。

2. 水分保持剂

以肉制品为例，在禽肉产品中添加卡拉胶-磷酸盐复配添加剂，主要用于增强禽肉的持水性，提高产品的出口率。此外，它还可增加蒸煮禽肉的产品体积，具有保香、改良质构等功能；在肉制品中加入适量磷酸三钠、三聚磷酸钠还可用于防腐；焦磷酸盐还特有软化肌肉组织、使肌肉的嫩度和弹性增强的功能。

3. 膨松剂

以焙烤食品为例，在焙烤食品中加入适量碳酸氢钠，经烘烤加热产生二氧化碳，可以在食品内部形成均匀、致密的孔性组织，体积增大，使面包、蛋糕等食品柔软、富有弹性，使饼干酥松、口感好。一些膨松剂的常见应用如下。①碳酸氢钠（钾）：在需添加膨松剂的各类食品中，按生产需要适量使用；②碳酸氢铵：在需添加膨松剂的各类食品中，按生产需要适量使用；③轻质碳酸钙：在需添加膨松剂的各类食品中使用，如作为面粉改良剂；④硫酸铝钾：在油炸食品、水产品、豆制品、发酵粉、威化饼干、膨化食品、虾片中按生产需要适量使用；⑤硫酸铝铵：在油炸食品、水产品、豆制品、发酵粉、威化饼干、膨化食品、虾片中按生产需要适量使用；⑥硫酸氢钙：用于饼干、婴幼儿配方食品、发酵面制品；⑦酒石酸氢钾：用于发酵粉；⑧焦磷酸二氢二钠：用于裹粉、煎炸粉、甜汁或甜酱。

4. 乳化剂

在冰淇淋中添加适量酪蛋白酸钠可使产品中气泡稳定，防止返砂及收缩；在面包中添加适量卵磷脂可作为面包组织软化剂，有保鲜作用，并能节省起酥油，明显改善成品质量。一些乳化剂的常见应用如下。①单甘酯：可添加于含油脂或蛋白质的饮料和冰淇淋中；②蔗糖脂肪酸酯：主要用于面包、饼干、冰淇淋、巧克力、油脂等；③山梨醇酐脂肪酸酯：很少单独使用，一般与其他乳化剂协同增效使用；④聚山梨酸酯：可在各类蛋白饮料中添加，也可在冰淇淋中添加；⑤大豆磷脂：一般在高档乳制品中使用；⑥酪蛋白酸钠：一般在蛋白饮料中作为乳化剂、增稠剂和蛋白质强化剂；⑦卵磷脂：可在冰淇淋生产中与其他乳化剂共同使用。

5. 抗结剂

在植脂末中添加适量硅铝酸钠、微晶纤维素等可以防止其聚集结块，使其保持松散的特性，这主要是由于抗结剂微粒产生的黏附作用。一些抗结剂的常见应用如下。①硬脂酸镁：一般用于糖果的生产；②亚铁氰化钾：用于食盐的生产；③硅铝酸钠：用于植脂性粉末的生产；④磷酸三钙：用于小麦粉、固体饮料、油炸薯片、复合调味料、蛋粉、乳粉及可可粉等食品的生产；⑤二氧化硅：应用于脂、糖粉、植脂末、速溶咖啡、粉状汤料、粉末香精、固体饮料、粮食等食品的生产；⑥微晶纤维素：用于植脂性粉末、稀奶油、冰淇淋、面包及高纤维食品等各类食品的生产。

6. 消泡剂

消泡剂是抑制泡沫最经济、简单的方法。例如，味精的发酵过程属于好气性发酵，过程中产生大量的气泡，气泡的产生会降低产量、抑制菌体的呼吸作用、降低菌体的产酸率。在味精生产的发酵过程中添加适量聚醚类消泡剂、有机硅消泡剂可以有效抑制气泡的形成以提升味精产量。一些消泡剂的常见应用如下。①乳化硅油：广泛应用于发酵工艺中；②DSA-5（高碳醇和脂肪酸酯的复合物）：广泛应用于制糖工艺、发酵工艺、酿造工艺及豆制品工艺中；③GP 型甘油聚醚、GPE 型聚氧乙烯（聚氧丙烯）醚和 PPG 型聚丙二醇等：均可应用于发酵工艺中；④聚二甲基硅氧烷：可用于豆制品工艺中。

第七节 防腐保藏设计

食品配方设计在经过主辅料设计、调色设计、调香设计、调味设计、质构改良设计之后，色、香、味、形兼备，但还需要对其进行防腐保藏设计以实现产品的经济效益最大化。

一、防腐保藏的意义与原理

（一）防腐保藏的意义

食品防腐保藏是指食品从生产到售予消费者所经历的各个环节中，通过杀灭有害微生物或抑制微生物的生长繁殖，提高其耐藏性，并尽量保持其品质（商品价值、营养价值和卫生安全程度等）不降低的保藏方法。防腐可以采用物理方法或化学方法来缓解或抑制有害微生物对食品的破坏。物理方法是通过加热、辐射、低温冷藏等物理手段来达到效果，化学方法则是使用抑菌或杀菌的化学试剂（即防腐剂）。

食品在各种内外因素的影响下，其原有化学或物理性质和感官性状会发生变质，其营养价值和商品价值会降低或失去，从而引发食品的腐败变质。造成食品腐败变质的主要原因是微生物作用，其不仅会使食品丧失原有的营养价值，还可能会引起食物中毒。随着社会科学技术的日渐发展，传统的保藏手段，如加热、冷藏、盐腌、糖渍、干制、罐藏等已经不足以满足现代人的日常生活需求，这时添加防腐剂就成了更加简捷有效的防腐保藏方法，在粮食、果蔬、禽肉、蛋、水产等原料的生产加工与贮藏中，均起到了至关重要的作用。

目前很多消费者对防腐剂存在误解，认为不含防腐剂的食品更加安全，而过分追求"不含防腐剂"的食品。事实上，采用符合国家 GB 2760—2014《食品安全国家标准　食品添加剂使用标准》规范的物质，同时使用时遵守国家《食品添加剂卫生管理办法》，添加规范量的防腐剂对人体是无毒害的。安全范围内的防腐剂是很多食物中必不可少的组分，但需要强调的是，绝不能滥用食品防腐剂。

（二）防腐保藏的原理

防腐保藏是指抑制有害微生物对食品的破坏，延长食品保质期。防止微生物对食品的危害主要有以下方法：第一，防止微生物污染食物；第二，灭活有害微生物；第三，降低或抑制受污染食品中的微生物繁殖，或使之失活。食品防腐剂主要是通过第三种方法，即抑制食品中微生物的繁殖从而起到防腐作用，它可以有效延长食品的保质期。

食品防腐剂是能防止由微生物引起的腐败变质，延长食品保质期的添加剂。食品防腐剂能在不同情况下抑制腐败作用的发生，特别是在一般灭菌作用不充分时仍具有持续性的效果。一般来说，防腐剂的选择首先是基于其抗菌谱或者其抗菌范围。绝大多数的防腐剂只能对霉菌、细菌和酵母菌中的一类或两类有效，或对其中的一些比较有效而对其他的效果比较弱。少数一些防腐剂具有同时抑制几类微生物的功能。此外，防腐剂的适用环境也不尽相同，如一些防腐剂只是在一定 pH 条件下比如酸性条件下才起作用。

防腐剂的防腐作用机制可分为以下 3 种：①作用于微生物体内的酶系，抑制酶的活性，干扰其正常代谢；②使微生物的蛋白质凝固和变性，从而干扰其生长和繁殖；③改变细胞质膜的渗透性，抑制其体内的酶类和代谢产物的排除，导致其失活。

二、防腐剂

防腐剂的主要作用是抑制食品中微生物的繁殖。食品防腐剂的种类繁多，按来源可以分为化学防腐剂和天然防腐剂两类。化学防腐剂又可分为酸型防腐剂、酯型防腐剂和无机盐防腐剂三类；天然防腐剂又可分为动物源天然防腐剂、植物源天然防腐剂和微生物源天然防腐剂三类。

（一）防腐剂的类型

根据食品防腐剂的来源分类，可将食品防腐剂分成化学防腐剂和天然防腐剂两大类。

1. 化学防腐剂

通过化学反应合成的防腐剂称为化学防腐剂。化学防腐剂因具有高效、方便、成本低等特点而得到广泛应用。根据其化学性质不同，化学防腐剂又可分为酸型防腐剂、酯型防腐剂和无机盐防腐剂。

（1）酸型防腐剂 常用的酸型防腐剂有苯甲酸、山梨酸及其盐类等。酸型防腐剂要在酸性条件下通过未解离的分子才能发挥抑菌作用，其防腐作用与 pH 有关。

苯甲酸（图 3-11）是一种芳香酸类有机化合物，也是最简单的芳香酸，分子式为 $C_7H_6O_2$。苯甲酸最初由安息香胶制得，故又称为安息香酸。外观为白色针状或鳞片状结晶。微溶于冷水、己烷，溶于乙醇、乙醚等。由于苯甲酸难溶于水，在食品工业中一般都使用苯甲酸钠（图 3-11），两者的性状和防腐性能相当，苯甲酸及其盐类在 pH 为 2.5~4.0 的环境下使用效果最佳。苯甲酸类防腐剂通过干扰霉菌和细菌等微生物细胞膜的通透性，阻碍细胞膜对氨基酸的吸收，进入细胞内的苯甲酸分子，酸化细胞内的储碱，抑制微生物细胞内的呼吸酶系的活性，从而起到防腐作用。苯甲酸是一种广谱抗微生物试剂，对酵母菌、霉菌、部分细菌作用效果很好，在允许的最大使用范围内，在 pH 4.5 以下对各种菌都有抑制作用。苯甲酸及其盐类可用于果酱、果蔬汁饮料、蜜饯果脯、碳酸饮料、酒类、酱汁类、调味品等的防腐。

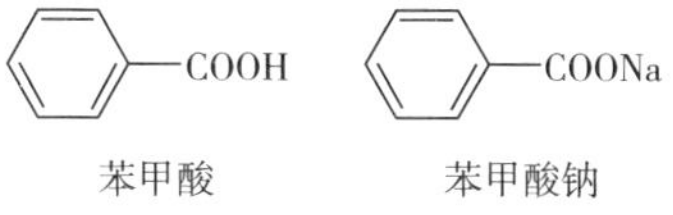

图 3-11 苯甲酸和苯甲酸钠的结构式

山梨酸（图 3-12）又称为清凉茶酸，分子式为 $C_6H_8O_2$，是一种对酵母菌、霉菌等许多真菌都具有抑制作用的食品防腐剂。白色结晶粉末，微溶于水，溶于无水乙醇等。山梨酸钾是山梨酸的钾盐，分子式为 $C_6H_7O_2K$，为白色至浅黄色鳞片状结晶或粉末，易溶于水，溶于丙二醇和乙醇，常被用作防腐剂，其毒性远低于其他防腐剂，目前在食品工业中被广泛使用。山梨酸及其钾盐的防腐效果与苯甲酸及其钠盐类似，同样也和 pH 有关，在酸性介质中能充分发挥防腐作用，在中性条件下防腐作用小。山梨酸和山梨酸钾是国际上应用最广的防腐剂，是公认的高效低毒防腐剂，具有较高的抗菌性能，其作用机制是通过抑制微生物体内的脱氢酶系统，从而抑制微生物的繁殖和起到防腐作用，对霉菌、酵母菌和许多好气菌都有抑制作用，但对厌气性芽孢形成菌与嗜酸乳杆菌几乎无效。山梨酸对食品本身风味无影响，广泛用于干酪、酸乳酪等各种乳酪制品，面包点心制品，果汁，果酱，果蔬汁饮料，果蔬类保鲜，碳酸饮料，酒类，酱汁类，调味料，酱菜和鱼、肉、蛋、禽类制品等食品的防腐。

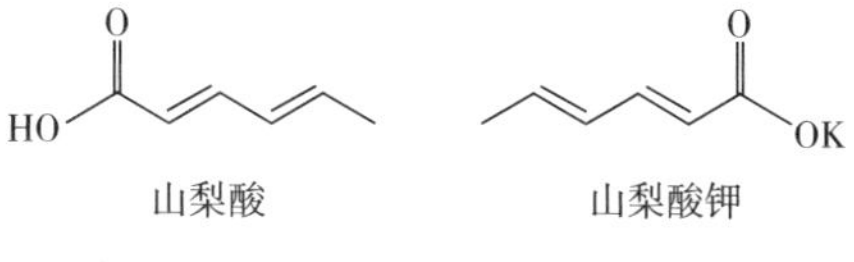

图 3-12 山梨酸和山梨酸钾的结构式

（2）酯型防腐剂 常用的酯型防腐剂有对羟基苯甲酸酯类，又称为尼泊金酯类，主要以羟基苯甲酸甲酯、乙酯、丙酯、丁酯等形式存在，其中防腐效果最好的是对羟基苯甲酸丁酯。国内使用较广的是对羟基苯甲酸乙酯和丙酯。

对羟基苯甲酸酯（图 3-13），多呈白色晶体或无色结晶，微溶于水，易溶于乙醇、丙二醇等。通常来说，其随着烷基碳链的增大，抗菌作用增强，但溶解度下降。羟基苯甲酸酯水溶性较差，可以通过合成其钠盐来提高其水溶性。其防腐效果优于苯甲酸及其钠盐，使用量约为苯甲酸钠的十分之一，具有较好的防腐效果。对羟基苯甲酸酯类的防腐作用原理是破坏微生物的细胞膜，使细胞内的蛋白质变性；同时抑制微生物细胞的呼吸酶系和电子传递酶的活性。通常这类防腐剂的主要特点是可以在较宽的 pH 范围内使用并且效果较好，而且其毒性相对较低。为了更好地发挥防腐剂的作用，最好选择这些酯类中的两种或两种以上混合使用。对羟基苯甲酸酯常用于果酱、糕点馅、调味料、酱制品、果蔬汁饮料、碳酸饮料等食品的防腐。

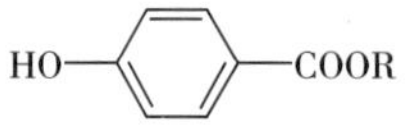

$$HO-\!\!\!\!\bigcirc\!\!\!\!-COOR$$

结构式中R分别为：—CH$_3$ 　　　　　甲基（甲酯）

—CH$_2$CH$_3$ 　　　　乙基（乙酯）

—(CH$_2$)$_2$CH$_3$ 　　　丙基（丙酯）

—(CH$_2$)$_3$CH$_3$ 　　　丁基（丁酯）

图 3-13　对羟基苯甲酸酯的结构式

（3）无机盐防腐剂　常见的无机盐防腐剂包括硝酸盐、亚硝酸盐和亚硫酸盐类物质等。无机盐类防腐剂既能运用在食品的持久保藏过程中，又能够有效提升食品的色泽。比如，亚硝酸盐防腐剂不仅能够有效限制微生物的生长以及繁殖，还能为食品提色，保持其色泽鲜艳。这类无机盐防腐剂主要应用于肉类食物的腌制过程中的防腐和护色。但是，此类防腐剂有一定的毒性。硝酸盐的毒性主要是由于其在食物、水或人体内被还原为亚硝酸盐导致。亚硝酸盐是食品添加剂中毒性最强的物质之一，被人体摄入后，可与血红蛋白结合形成高铁血红蛋白，使之失去携氧功能，严重时可能出现窒息。在一定条件下，它还可以转化为一种强致癌物——亚硝胺。亚硫酸盐和焦亚硫酸盐等活性成分是亚硫酸盐分子，而使用这类盐类后食品中残留的二氧化硫可能会引起过敏反应，特别是对于哮喘患者有很大风险，因此这类盐一般只列在特殊防腐剂中。

2. 天然防腐剂

天然防腐剂又称为天然有机防腐剂，一般来源于动物、植物和微生物或其代谢物，它们具有抑菌和防腐作用，是天然物质，比化学防腐剂更加安全。天然防腐剂根据来源可分为动物源天然防腐剂、植物源天然防腐剂和微生物源天然防腐剂三类。

（1）动物源天然防腐剂　动物源天然防腐剂是从某些动物或其代谢物中人工提取的物质，如鱼精蛋白、溶菌酶等。

鱼精蛋白是一种碱性蛋白质，主要在鱼类（如鲑鱼、鳟鱼、鲱鱼等）成熟精子细胞核中作为和 DNA 结合的蛋白质存在。鱼精蛋白分子质量小，一般由 30~50 个氨基酸组成，富含精氨酸，能溶于水和烯酸，不易溶于乙醇、丙酮等有机溶剂，稳定性好，加热不凝固。与化学合成防腐剂相比，鱼精蛋白具有安全性高、防腐性能好、热稳定性高等优点，而且，鱼精蛋白还具有很高的营养性和功能性。如今，鱼精蛋白在食品工业中得到了越来越广泛的应用。

溶菌酶又称为胞壁质酶，是能水解细菌中黏多糖的一种碱性酶，广泛存在于人体多种组织、哺乳动物体液、血浆、乳汁等液体及鸟类和家禽的蛋清中。该酶在蛋清中的含量最丰富，微生物、部分植物中也含有该酶。溶菌酶易溶于水，遇碱、热易失活，但在酸性条件下，溶菌酶对热的稳定性很强，能耐 100℃ 加热处理。溶菌酶的最适 pH 为 5.3~6.4，可用于低酸性食品防腐。溶菌酶的防腐作用机制主要通过破坏细菌细胞壁中的 N-乙酰胞壁酸和 N-乙酰氨基葡萄糖之间的 β-1,4 糖苷键，使细胞壁不溶性黏多糖分解成可溶性糖肽，导致细胞壁破裂内容物逸出而使细菌溶解。它对革兰阳性菌、地衣芽孢杆菌、枯草杆菌等有抗菌作用，而对人体细胞无害。另外，该酶还能促进婴儿肠道双歧乳酸杆菌增殖，促进乳酪蛋白凝乳从而利于消化，同时还能杀死肠道腐败球菌，增加肠道抗感染力，所以也是婴儿食品、饮料的优良添加剂。此外，溶菌酶还用于干酪和再制干酪及其类似品、发酵酒等食品的防腐。

（2）植物源天然防腐剂　植物源天然防腐剂是指从自然界植物的叶、花、果、皮、根、种子等部位提取得到的天然防腐抑菌物质，如香辛料、中草药以及植物精油等。

香辛料都具有广谱抑菌性，如大蒜、生姜、丁香等，并且各提取物间还存在着抑菌性的协同增效作用，可作为天然防腐剂，并被广泛应用于某些食品中。如大蒜中含有大蒜辣素、大蒜辛素等抗菌成分，对很多常见的食品腐败菌，都具有很强的抑菌杀菌作用。

据大量实验研究，多数中草药具有抑菌、杀菌作用。1994 年出版的《中国中药资源志要》里就已经收录了一万多种丰富的药用植物。同时我国独特的地理环境使我国拥有丰富的中草药资源，因此在中草药中寻找提取天然防腐成分，也是我国独有的研究领域，具有广阔的研究发展前景。

植物精油是指芳香草本植物的花、叶、根、皮、种子或果实的高度浓缩芳香物质提取物，可作为天然防腐剂。如丁香油中含有丁香酚、单宁等活性成分，对大肠杆菌、金黄色葡萄球菌、黑曲霉等具有广谱抑菌性。

植物天然防腐剂取自植物，因此具有更高的安全性，这也是其被广泛运用的原因之一，目前这类防腐剂主要被运用在瓜果蔬菜以及牛羊肉等食物的防腐中，表现出较强的防腐作用，对细菌等微生物能够产生较强的抑制作用。

（3）微生物源天然防腐剂　微生物源天然防腐剂来源广泛，自然界中的细菌、酵母菌、放线菌、霉菌等在其生长繁殖过程中都能产生具有抑菌防腐作用的代谢产物。由细菌产生的抑菌物质被称为细菌素，它是一种多肽或多肽类物质与糖和脂的复合物，可作为防腐剂使用。目前我国食品添加剂标准只允许乳酸链球菌素和纳他霉素等用于食品防腐。

乳酸链球菌素（Nisin）又称为乳酸链球菌肽或音译为尼辛，是乳酸链球菌产生的一种由 34 个氨基酸残基组成的多肽类化合物，因其对大多数革兰阳性菌如金黄色葡萄球菌（*Staphylococcus aureus*）、李斯特菌（*Listeria monocytogenes*）、溶血性链球菌（*Streptococcus hemolyticus*）、肉毒杆菌（*Clostridium botulinum*）等的生长繁殖有强烈的抑制作用，并可抑制芽孢杆菌的孢子生长，故被广泛运用于食品防腐。乳酸链球菌素的抗菌机制是通过干扰细胞膜的正常功能，引起膜电位下降，细胞膜渗透和营养流失，导致病原菌和腐败菌细胞死亡。经过试验验证，乳酸链球菌素是安全无毒、无副作用的天然防腐剂，食用后在人体的 α-胰凝乳蛋白酶和生理 pH 环境下，很快就会被水解成氨基酸，并且不会影响人体肠道内正常的菌群，也不易产生其他抗生素引起的抗性问题。它对食品的色、香、味、口感等无不良影响，可以广泛用于乳制品、罐头制品、方便米面制品、肉制品、水产制品、酱制品、调味料、饮料类等的防腐。

纳他霉素（Natamycin）是由纳塔尔链霉菌（*Streptomyces natalensis*）起始菌株产生的天然抗真菌化合物，是多烯大环内酯类物质，对各种酵母菌、霉菌的生长具有明显的抑制效果，又能抑制真菌毒素的生成，所以被广泛运用在食品防腐保鲜及抗真菌治疗方面。纳他霉素的作用机制是依靠其内酯环结构和真菌细胞膜上的固醇化合物结合，形成抗生素–固醇化合物，从而破坏真菌细胞质膜的结构。大环内酯的亲水部分（多醇部分）在细胞膜上形成水孔，破坏细胞膜的通透性，进而导致细胞体内氨基酸、电解质等物质外泄，细菌死亡。当微生物的细胞膜上没有固醇化合物时，纳他霉素就对其没有作用，所以纳他霉素只抑制真菌，对细菌和病毒没有抗菌活性。纳他霉素在低浓度下即可发挥抗菌活性，其抗菌活性几乎不受 pH 影响。如今，它被广泛应用于干酪和再制干酪及其类似品、糕点、肉制品、火腿香肠类、酒类、果蔬汁等食品的防腐。

随着消费者健康意识的提高，大家越来越担心食品化学防腐剂的安全性，因此开始使用生物自身或其代谢的具有抑菌性的天然物质来保存食品，从而提高食品的安全性。目前开发应用较为成功的天然防腐剂是乳酸链球菌素，在未来的食品防腐保鲜工业中，天然防腐剂或将成为食品防腐保鲜的主要方法。

（二）防腐剂的复配

在实际应用中，单一防腐剂的使用常常无法抑制食品中可能出现的各种腐败微生物，而某些不同的防腐剂间具有协同作用，复合应用可扩大抗菌范围，提高防腐效果。

复配型防腐剂是由几种有协同作用的防腐剂复配而成，可以克服单一防腐剂在防腐效力上的局限性，扩大抑菌范围和效力，改善防腐剂的物理性能。复配型防腐剂的使用保证了其中各单体成分含量远低于食品安全国家标准要求，大大提高了产品安全性；复配型防腐剂利用了单体防腐剂各自的优点，一次使用，多种效能，同时发挥不同防腐剂之间的协同增效作用，使产品在尽可能低用量的情况下发挥最大的效能，因此比起单体防腐剂，复配型防腐剂更加经济、方便。

复配的主要方式：一般是同类防腐剂配合使用，如酸性防腐剂与其盐，同种酸的几种酯。如山梨酸钾与乳酸链球菌素组合、甘氨酸与溶菌酶组合、聚赖氨酸系列组合，都有很好的协同增效作用。由此可见，把不同种类的防腐剂复配使用，既可协同抑制不同类型的微生物，增强抗菌效果，又可降低生产成本。

三、抗氧化剂

抗氧化剂是指能防止或延缓食品氧化，提高食品的稳定性和延长贮存期的食品添加剂。抗氧化剂的正确使用不仅可以延长食品的贮存期、保质期，给生产者、消费者带来良好的经济效益，而且可以给消费者带来更安全的食品。抗氧化剂其按来源可分为合成抗氧化剂和天然抗氧化剂。

1. 合成抗氧化剂

很多常用的合成抗氧化剂都是酚类化合物，如丁基羟基茴香醚（BHA）、二丁基羟基甲苯（BHT）、没食子酸丙酯（PG）和叔丁基对苯二酚（TBHQ）。

（1）丁基羟基茴香醚   丁基羟基茴香醚（BHA）是广泛使用的脂溶性抗氧化剂，适宜油脂食品和富脂食品。由于其热稳定性好，因此可以在油煎或焙烤条件下使用。另外 BHA 对动物性脂肪的抗氧化作用较强，而对不饱和植物脂肪的抗氧化作用较差。BHA 可稳定生牛肉的色素和抑制酯类化合物的氧化。

（2）二丁基羟基甲苯   二丁基羟基甲苯（BHT）也是国内外广泛使用的脂溶性抗氧化剂，在许多性质上与 BHA 相似。BHT 为白色结晶或结晶性粉末，有微弱酸味，不溶于水、甘油和丙二醇，而易溶于乙醇和油脂。BHT 在果仁、精油、含脂食品等中有较好的稳定作用，但因在高温下不稳定而使应用受到限制，例如在油炸和小吃食品中约丧失 90%，饼干中约丧失 35%，但如果与 BHA 复配使用可明显提高抗氧化效果。

（3）没食子酸丙酯　没食子酸丙酯（PG）是使用最广泛的食品抗氧化剂之一，是许多商品混合抗氧化剂的组成成分。PG 抗氧化性优于 BHA 及 BHT，而且低毒，使用安全性高，因而广泛用于食用油脂、饲料、油炸食品、干鱼制品、富脂饼干、罐头及腊肉制品等。因 PG 有与铜、铁等金属离子反应变色的特性，所以在使用时应避免使用铜、铁等金属容器。具有螯合作用的柠檬酸、酒石酸与 PG 复配使用，不仅起增效作用，而且可以防止金属离子的呈色作用。

（4）叔丁基对苯二酚　叔丁基对苯二酚（TBHQ）为白色粉状晶体，有特殊气味，易溶于乙醇和乙醚，可溶于油脂，不溶于水。对热稳定，遇铁、铜离子不形成有色物质，但在见光或碱性条件下可呈粉红色。对大多数油脂，尤其是植物油，TBHQ 具有比 BHA 等更好的抗氧化能力。TBHQ 可用于食用油脂、油炸食品、干鱼制品、饼干、方便面、速煮米、干果罐头、腌肉制品等。

2. 天然抗氧化剂

天然抗氧化剂分布广泛，在植物、微生物、真菌类，甚至在动物某些组织内都有存在。绝大部分的天然抗氧化剂都属于酚类物质，如生育酚类、抗坏血酸及其衍生物、迷迭香提取物、茶多酚提取物、甘草提取物和植酸等。

（1）生育酚类　生育酚，是维生素 E 的水解产物，天然的生育酚都是 D-生育酚（右旋型），它有 α、β、γ、δ 等 8 种同分异构体，其中以 α-生育酚的活性最强。作为抗氧化剂使用的生育酚混合浓缩物，是天然生育酚的各种同分异构体的混合物。在全脂乳粉、奶油或人造奶油、肉制品、水产加工品、脱水蔬菜、果汁饮料、冷冻食品以及方便食品等中具有广泛的应用，尤其是生育酚作为婴儿食品、疗效食品、强化食品等的抗氧化剂和营养强化剂，更具有重要的意义。

（2）抗坏血酸及其衍生物　抗坏血酸及其衍生物中用作抗氧化剂的有抗坏血酸钠、抗坏血酸钙、异抗坏血酸及其钠盐、抗坏血酸棕榈酸酯和抗坏血酸硬脂酸酯等。由于它们本身极易被氧化，能降低介质中的含氧量，即通过除去介质中的氧而延缓油脂等氧化反应的发生，因此是一类氧的清除剂。

抗坏血酸及其盐类属水溶性的氧清除剂型抗氧化剂，广泛应用于啤酒和葡萄酒、乳制品、油脂、面粉制品、果蔬饮料类制品、肉类制品和水产品等。

异抗坏血酸及其钠盐与抗坏血酸情况类似，虽然其被氧化的速度远比抗坏血酸快，但价格却低于抗坏血酸，故近年来发展很快。中国已经成为生产和应用异抗坏血酸及其钠盐的主要国家。异抗坏血酸及其钠盐主要用于两个方面，一是作为各种食品中需控制氧化变色和风味恶化的抗氧化剂，包括水果、蔬菜等各种加工制品（常与增效剂柠檬酸一起使用）、啤酒、葡萄酒、碳酸饮料、冷冻水产品及马铃薯制品等。第二个方面是用于香肠、火腿等肉类腌制品，以促进亚硝酸盐在腌制过程中的显色作用和延长货架期。

抗坏血酸棕榈酸酯（及硬脂酸酯）为不溶于水而微溶于油脂的抗坏血酸衍生物，能很好地延缓植物油的酸败。

（3）迷迭香提取物　迷迭香提取物具有高效、无毒的抗氧化效果，其抗氧化能力主要来自内含的二萜酚类物质，主要包括迷迭香酚、鼠尾草酚、迷迭香双醛、鼠尾草酸、表迷迭香酚、异迷迭香酚、鼠尾草苦内酯、迷迭香酸等。这类物质都是有邻酚结构的酚类物质，有比 BHA 更强的抗氧化能力。迷迭香提取物作为抗氧化剂，可以用于动物油脂、肉类制品、油炸食品和植物油脂。

（4）茶多酚　茶叶中一般含有 20%~30%（质量分数）的多酚类化合物，包括儿茶素、黄酮和黄酮醇、花色素、酚酸和缩酚酸类共 30 余种，其中儿茶素类占总量的 50%~70%（质量分数）。茶叶的水抽提混合物称为茶多酚。茶多酚安全性好，作为抗氧化剂可用于油炸食品、方便面、鱼和肉制品、糕点、含脂酱料等食品。

（5）甘草提取物　甘草为豆科甘草属灌木状多年生草本植物。全世界约有 29 个种，我国有 18 个种。甘草作为一种常用中药，已被人们接受和使用，其主要有效成分为三萜类甘草甜素（甘草酸）和黄酮类甘草苷（甘草素）。甘草用水提取后得到的甘草酸，可以作为高倍甜味剂，GB 2760—2014《食品安全国家标准　食品添加剂使用标准》对其允许使用。甘草提取物有较强的清除氧自由基的作用，并能从低温到高温发挥其强抗氧化性。甘草黄酮类化合物除了具有抗氧化作用外，还有抑制大肠杆菌、金黄色葡萄球菌、枯草杆菌等细菌的作用。甘草抗氧剂可用于油脂、油炸食品、腌制鱼、肉制品、饼干、方便面和含油食品。

（6）植酸　植酸是从植物种子中提取的一种有机磷类化合物，是淡黄色或淡褐色的浆状液体，呈强酸性，易溶于水、95%（体积分数）乙醇、丙酮，不溶于无水乙醚、苯、己烷、氯仿，加热分解，浓度越高越稳定。植酸水溶液在高温下受热易分解，需在低温、避光条件下储存。

植酸的抗氧化特性在于它能与金属离子发生极强的整合作用。植酸与许多可促进氧化作用的金属离子螯合而使之失去活性，同时释放出氢，破坏自氧化过程中产生的过氧化物，使之不能继续形成醛、酮等产物，而产生良好的抗氧化性。植酸在食品中主要用于对虾保鲜、油脂、果蔬制品、肉制品以及饮料等的抗氧化。

四、栅栏技术

栅栏技术是由德国肉类研究中心微生物和毒理学研究所所长洛塔尔·利斯特纳（Lothar Listner）在长期研究的基础上率先提出的，其作用机制是通过调节食品中的各种有效因子，以其各因子的交互作用来控制腐败菌生长繁殖，提高食品的品质、安全性和储藏性。这些起控制作用的因子，被称作栅栏因子。国内外至今研究已确定的栅栏因子有：温度（高温或低温）、pH（高酸度或低酸度）、A_w（高水分活度或低水分活度）、氧化还原电位（高氧化还原电位或低氧化还原电位）、气调（二氧化碳、氧气、氮气等）、包装（真空包装、活性包装、无菌包装、涂膜包装）、压力（超高压或低压）、辐照（紫外、微波、放射性辐照等）、物理加工法（阻抗热处理、高压电场脉冲、射频能量、振动磁场、荧光灭活、超声处理等）、微结构（乳化法等）、竞争性菌群（乳酸菌等有益菌固态发酵法等）、防腐剂（有机酸、亚硝酸盐、硝酸盐、乳酸盐、醋酸盐、山梨酸盐、抗坏血酸盐、异抗坏血酸盐等）。栅栏因子共同作用的内在统一称作栅栏技术。如何利用栅栏因子特别是它们之间的协同作用是食品保鲜的关键。

栅栏技术的目的就是应用栅栏因子的有机结合来改善食品的整体品质。近几年来人们对栅栏效应的认识正在逐步扩大，栅栏技术的应用也逐年增加。栅栏技术已是现代食品工业最具重要意义的保鲜技术之一，与传统方法或高新技术相结合的有效性使其广泛应用于各类食品的加工与保藏。

（一）栅栏技术在保鲜肉中的应用

长久以来，鲜肉保鲜常用冷冻法，能较好地解决鲜肉在贮运、加工、销售过程中微生物污染、腐败变质的问题。但冷冻法不仅成本高，而且影响了鲜肉的品质。因此，通过使用低耗能、无污染、抑菌效果好的栅栏因子，达到在非冷冻条件下保藏鲜肉成为研究热点。茶多酚是肉品保鲜中常用的栅栏因子，是一种很好的天然防腐剂和抗氧化剂，具有供氢、抑制脂肪氧化变质的功能。研究表明，喷淋 0.2%（质量分数）茶多酚的白鲢鱼在 $-3℃$ 碎冰贮存条件下，保质期达到了 35d，比未喷淋的延长了 7d。

（二）栅栏技术在肉制品加工中的应用

在肉制品方面，如发酵香肠，其栅栏因子包括：A_w（降低水分活度）、pH（发酵酸化）和 E_h（降低氧还原电位）。在发酵香肠不同的加工阶段使用相应的栅栏因子，利用这些不同栅栏因子的抑菌作用，从而保证了产品的稳定、安全。在欧美，备受儿童青睐的迷你色拉米发酵香肠就是采用栅栏因子的协同作用保质防腐的，可以说是应用栅栏技术的典范。

（三）栅栏技术在水产品保鲜技术开发中的应用

"新含气调理杀菌技术"利用食品原材料调味烹饪的减菌化处理、多阶段快速升温和两阶段急速冷却的温和式杀菌、充氮包装等栅栏因子，通过控制其低强度协同作用，在常温下可贮存水产品达 6 个月以上，并较好地贮存了水产品原有的风味和口感。真空冷却红外线脱水技术，利用食用酒精减菌、抽真空脱水、气体置换包装、冷藏等因子的协同作用，可以使半干水产品在冷藏条件下贮存期由传统方法的 3~4d 延长至 3~4 周。

第八节　功能性设计

一、功能性概述

随着经济的快速发展，居民生活水平提高，我国居民的膳食和营养状况有了明显改善，营养缺乏患病率持续下降，但同时，出现了营养过剩和营养结构失衡等新的问题。2019 年，我国出台了《健康中国行动（2019—2030 年)》等相关文件，推进"以治病为中心"向"以健康为中心"的转变，从原来的单一治病模式向"防-治-养"模式转变。自古以来，食疗一直是预防疾病行之有效的方法，且随着社会人口结构趋向中高龄化，食品已由基本的维持生命、供给养分和满足感官需求，进一步发展为具有调节身体的功效，这就是食品的第三机能。"药食同源"理念是我国传承几千年的瑰宝，传承创新我国传统"药食同源"理念，也将有助于我国"防-治-养"模式的转变。在当前的大背景下，在食品生产过程中对食品进行特定的功能性设计显得格外重要。

功能性设计是在一般食品共性的基础上进行的特定功能设计，使食品成为功能性食品。根据《中华人民共和国食品安全法》，我国的食品类别可划分为普通食品与特殊食品两大类。其中，特殊食品包括保健食品、婴幼儿配方食品和特殊医学用途配方食品。根据 GB 16740—2014《食品安全国家标准　保健食品》的规定，保健食品是指声称具有保健功能或者以补充维生素、矿物质等营养物质为目的的食品。即适宜于特定人群食用，具有调节机体功能，不以治疗疾病为目的，并且对人体不产生任何急性、亚急性或慢性危害的食品。保健食品在上市销售前需要申请并获得保健食品注册证书或备案凭证，即"蓝帽子"，它可以根据注册或备案产品的情况进行相应的功能声称，适宜于特定人群食用，可调节机体的功能，但不以治疗为目的。而加入一定功能性原料的普通食品，即未获得保健食品注册证书或备案凭证的功能性食品，仍属于普通食品范畴，根据食品安全法相关规定，不能对其进行功能声称，产品主要是通过介绍产品配方及科普功效性成分的方式来与消费者进行信息传输。目前并未出台明确的法律对其进行定义，本书将其初步定义为：除了满足人的基础生存所需营养外，添加了某种有益健康的功效性成分的食品。

日本在 2015 年创设了机能性标示细则（图 3-14），这给消费者和食品行业提供了很大的参考。目前，在我国想要申请"蓝帽子"认证，需要付出巨大的时间成本，而机能性标示食品的优势是销售前 60d 提出申请即可，时间上可以大为节省。并且只要在标示时说明产品含有的成分和具有的功能即可，条件非常宽松。

日本保健食品标示细致化，业者与消费者有所依循！		
	特定保健用食品	营养机能食品	机能性标示食品
创设时期	1991年	2001年	2015年
认证方式	国家（消费者厅）许可需要对最终产品进行临床试验	自行认证制度符合国家订定的营养成分量基准值	申请制，需要系统性文献回顾或是临床试验
可标示成分	视相关成分而定	特定成分：13种维生素 6种矿物质 1种脂肪酸	机能性相关成分（需为可定量定性的成分）
摄取的主要目的	视相关成分而定	补充平常饮食摄取不足的营养成分等	健康的维持、增进（不含降低疾病风险）
标示示范	减缓糖吸收	钙是骨骼和牙齿形成所必要的营养素	本产品含有成分A，具研究指出其具有B功能

图 3-14　日本保健食品标示细则

相关统计数据显示，自 2015 年机能性标示食品被创设以来，日本保健食品市场发展也受到了极大推动。随着公民健康意识的增强，功能性食品在未来的市场需求将会快速增长，市场前景较好。在功能性食品的设计中，了解消费者的健康需求，从而选择具有特定功效的功能性原料进行进一步的研究生产显得至关重要。

二、功能因子

在功能性设计中，功能性评价基于功能因子。功能因子是能通过激活酶的活性或其他途径，调节人体机能的物质。根据化学结构的不同，功能因子可以分为氨基酸、肽和蛋白质类，脂类，糖类，维生素和矿物质类等 10 类。

（一）氨基酸、肽和蛋白质类

1. γ-氨基丁酸

γ-氨基丁酸（γ-aminobutyric acid，GABA），又称氨酪酸、哌啶酸，是由谷氨酸经谷氨酸脱羧酶催化而来，是哺乳动物中枢神经系统中一种重要的抑制性神经介质。GABA 天然存在于哺乳动物大脑皮层、海马和小脑神经组织，也广泛分布于植物界，如番茄、葡萄、马铃薯、茄子、南瓜。GABA 是目前研究较为深入的一种重要的抑制性神经通质，它参与多种代谢活动，具有很高的生理活性。根据目前的研究，GABA 的生理作用主要表现在：①抗焦虑和参与镇痛的作用；②治疗癫痫；③神经营养作用；④降低血压作用。鉴于 GABA 具有舒缓压力、改善睡眠的功效，一些厂家生产出 γ-氨基丁酸片，睡前服用，可改善老年人的睡眠质量。

原卫生部于 2009 年批准 GABA 为新食品原料，并允许其用于饮料、可可制品、巧克力和巧克力制品、糖果、焙烤食品、膨化食品，每日食用量≤500mg。但 GABA 不能用于婴幼儿食品。在国内，以解压、舒缓、助眠为诉求的产品已经形成数千亿元的巨量市场，2021 年以来，某公司推出了两款添加 GABA 的饮料，如 GABA 睡眠饮（图 3-15），添加了 98%（质量分数）高纯度的 GABA，并搭配能释放压力的茶叶茶氨酸、缓解紧张的百合、促进 GABA 吸收的西番莲提取物、调节 GABA 受体的缬草提取物和酸枣仁，并采用日本专利技术，提高 GABA 在体内的吸收率。

图 3-15　GABA 睡眠饮

在产品功能化设计的过程中，除了如上述案例对产品配方进行科学搭配之外，对产品形式的设计也至关重要。目前，大多数含有 GABA 的保健品是以胶囊或药品的形式存在的，但对于消费者来说，他们无疑会更倾向于选择不同形式的食品，而不单是胶囊、片剂。

2021 年 6 月开始实施的《保健食品备案产品可用辅料及其使用规定（2021 年版）》和《保健食品备案产品剂型及技术要求（2021 年版）》，在保健食品备案产品剂型中正式纳入了凝胶糖果（软糖）。基于此规定，多家企业推出了添加 GABA 的软糖，供偏好不同食品类型的消费者选择。

2. 酪蛋白磷酸肽

酪蛋白磷酸肽（Casein phosphopeptides，CPP）是一种以牛乳蛋白为原料，经过单一或复合蛋白酶水解，由 20~30 个氨基酸残基组成的具有生物活性的多肽，其活性中心是成簇的磷酸丝氨酰和谷氨酸簇。

CPP 作为一种稳定、安全的活性肽，具有多种生理功能：①促进矿物质的吸收；②促进骨骼对钙的吸收；③防止龋齿；④提高受精率、增强免疫力等。日本某口香糖品牌就添加了该物质（图3-16）。因其具有促进骨骼对钙吸收的作用，它常和维生素D搭配使用进行功能性设计，如日本在2020年发布了首款含有"维生素D"的口香糖，该产品还额外添加了酪蛋白磷酸肽，在增强牙齿耐酸性的同时，还起到了预防龋齿的作用。

图3-16   防蛀牙护齿口香糖

目前，美国、澳大利亚、新西兰等国均规定CPP可以用作健康食品原料，在我国CPP也是功能性食品的原料之一，并已批准其作为食品营养强化剂，可用于调制乳、风味发酵乳、粮食及粮食制品和饮料类食品，并规定了其最大使用量为1.6g/kg。

3. 牛磺酸

牛磺酸（Taurine），又名牛胆碱、牛胆酸、牛胆素，是一种含硫非蛋白质氨基酸，在体内以游离状态存在，不参与蛋白质的生物合成。

牛磺酸是神经系统中含量最多的游离氨基酸之一，在动物大脑皮层、小脑和视觉等区域含量相当丰富，是人体所需的营养素之一，具有广泛的生物学作用。牛磺酸在维持脑部运作及发展中扮演重要的角色，除了可以加速神经元的增生及延长，也有抑制神经的作用以减少焦虑及抗痉挛，以及抗氧化的作用，可以保护脑部免受氧化物的伤害。人体所含的牛磺酸约占体重的0.1%，当进行长时间的活动时，体内的牛磺酸便会不断被消耗，身体会表现出疲倦、头晕、精神不振、记忆力下降等症状，而适量的牛磺酸摄入可以改善这种症状。此外，若有足够的维生素B_6，身体就会开始制造牛磺酸，因此，维生素B_6和牛磺酸经常被添加于各类食品中，如鱼油牛磺酸软胶囊、安泰吉饮料等。

我国于1993年批准牛磺酸为食品添加剂，GB 14880—2012《食品安全国家标准 食品营养强化剂使用标准》规定了牛磺酸作为营养强化剂可用于多种食品类别，并规定了其在不同类别的食品中的使用剂量。

4. 精氨酸

精氨酸（Arginine）在自然界中存在D型和L型两种异构体，动物体内具有营养生理作用的是L-精氨酸。

精氨酸在肌酸合成、伤口愈合、调节免疫、生成一氧化氮、尿素合成等方面都发挥着生理功能。2002年，食品法典委员会食品添加剂联合专家委员会（JECFA）将精氨酸归为风味调节剂类，认为每人每天摄入少于90μg精氨酸不会引起安全问题。GB 2760—2014《食品安全国家标准 食品添加剂使用标准》规定L-精氨酸为允许使用的食品用香料，规定添加量≤250mg/kg。含精氨酸较多的食物有鳝鱼、黑鱼、黑巧克力、核桃和花生等。

（二）脂类

1. 二十二碳六烯酸

二十二碳六烯酸（Docosahexaenoic acid，DHA），又称为鱼油酸，是人体必需的多不饱和脂肪酸，是大脑、神经和视觉细胞中重要的脂肪酸成分，特别是在婴幼儿大脑和视觉系统发育过程中占有非常重要的地位。DHA 具有以下功效：①促进胎儿大脑发育；②促进视网膜光感细胞的成熟；③预防心血管疾病；④抑制发炎。

我国从 2000 年开始批准双鞭甲藻来源的 DHA 作为营养强化剂，应用于婴幼儿及学龄前儿童的配方食品中，并制定了相应的添加标准（详见 GB 10765—2010《食品安全国家标准 婴儿配方食品》）。

自然界的 DHA 主要来源于海洋生物、藻类和真菌、深海鱼类（如金枪鱼、三文鱼、鲸鱼等）及海贝的脂肪中。一些低级的真菌中也含有较多的 DHA，其中藻状菌类的 DHA 含量尤为丰富。海藻如金藻类、隐藻类、绿藻类、褐藻类、红藻类等也含有大量 DHA，某些藻类中 DHA 含量可达 30%（质量分数）以上。

2. 二十碳五烯酸

二十碳五烯酸（Eicosapentaenoic acid，EPA），属于多不饱和脂肪酸。EPA 具有的生理功能为：①抗血小板凝集；②抗肿瘤；③降血脂和防止动脉硬化；④抗炎。

我国原卫生部于 2009 年批准以食用鱼为原料的鱼油和鱼油提取物为新资源食品，可以应用于多种食品中，每日推荐摄入量为≤3g。日常饮食中的 EPA 主要来源于冷水鱼，以甘油酯的形式存在于海鱼的肉、脂肪中，以金枪鱼中的 EPA 含量最丰富。某些浮游藻类如金藻、卡氏菌沟藻、中肋骨条藻等中的 EPA 含量也很高。

3. 亚油酸

亚油酸（Leinoleic acid，LA）又名十八碳二烯酸，是人体的必需脂肪酸，具有调节血压、血脂、血管反应性及促进微循环等作用，可预防心血管病或减少其发病率。亚油酸是一般认为安全的物质（美国 FDA 评价食品添加剂的安全性指标），在美国可用作膳食补充剂原料，我国《食品添加剂卫生管理办法》规定，亚油酸可作为食品添加剂。GB 10765—2010《食品安全国家标准 婴幼儿配方食品》规定婴幼儿配方乳粉中亚油酸的含量不得低于 30g/kg。

亚油酸作为最早被确认的必需脂肪酸和重要的多不饱和脂肪酸，在日常食用的植物油中普遍存在，在红花油、月见草油中含量丰富，在葵花籽油、玉米油、豆油中的含量也较为丰富，但动物脂肪中亚油酸含量一般较低。

4. γ-亚麻酸

γ-亚麻酸（γ-Linolenic acid，GLA）最初是从月见草的种子油中发现的一种多不饱和脂肪酸。在碱性条件下，γ-亚麻酸的双键易发生异构化反应，形成共轭多烯酸。

GLA 对涉及氧化应激的多种炎症性疾病如风湿性关节炎、肾炎、支气管哮喘等有改善作用；能降低低密度脂蛋白含量，防止动脉粥样硬化；能够增强胰岛素敏感性，改善血糖水平。

我国已经将 GLA 列入 GB 14880—2012《食品安全国家标准 食品营养强化剂使用标准》营养物质名单，可在调制乳粉、植物油、饮料类食品中使用，使用量为 20~50g/kg。

γ-亚麻酸主要来源于植物和微生物，如月见草、玻璃苣、黑加仑、微孔草、小球藻、背孢霉属等。

5. 植物甾醇

植物甾醇（Phytosterol）是以环戊烷多氢菲为基本骨架的一大类化合物，结构与胆固醇相似，仅是支链结构不同。

植物甾醇的生理功能主要表现在四个方面：①降低血清胆固醇水平；②预防肿瘤；③类激素作用；④消炎、退热作用。在植物甾醇中，β-谷甾醇还具有类似于阿司匹林的退热作用，用量高达 0.3g/kg 时，也不会引起溃疡。

2010 年，我国原卫生部批准植物甾醇作为新资源食品但不得用于婴幼儿食品中。2013 年版的《中国居民膳食营养素参考摄入量》中规定植物甾醇特定建议值（SPL）为 0.9g/kg，可耐受最高摄入量（UL）为 2.4g/kg。植物甾醇广泛存在于各种植物油、坚果和植物种子中，其中在植物油和油料种子中的含量最高。

（三）糖类

1. 氨基葡萄糖

氨基葡萄糖（Glucosamine）又称为氨基葡糖、葡萄糖胺或葡糖胺，是葡萄糖的一个羟基被氨基取代后形成的化合物，主要存在于甲壳类动物的外骨骼中。

由于氨基葡萄糖是葡糖胺多糖的前体，而葡糖胺多糖是关节软骨的主要成分，因此补充氨基葡萄糖可以帮助重建软骨和辅助治疗骨关节炎。外源性摄入氨基葡萄糖，可使关节内氨基葡萄糖含量恢复至平衡状态，刺激软骨细胞合成蛋白多糖和胶原纤维，生成软骨基质，修复破损软骨，使关节软骨自身修复能力提高，催生关节滑液，减缓膝关节炎患者的关节退变。

《中国居民膳食营养素参考摄入量》规定氨基葡萄糖的特定建议值（SPL）为 1.0g/kg，硫酸或磷酸氨基葡萄糖的特定建议值（SPL）为 1.5g/kg。氨基葡萄糖可作为功能性食品原料，其功能为增强骨密度。原国家食品药品监督管理总局批准氨基葡萄糖的盐酸盐和硫酸盐也可作为药物使用。

2. 低聚果糖、菊粉

低聚果糖（Fructooligosaccharides，FOS），又称为寡果糖或蔗果低聚糖，是一种由短链和中长链的 β-D-果聚糖（Fructan）与果糖基（Fructosyl）单位通过 β-2,1 糖苷键连接而成的聚合度为 2~9 的混合物。低聚果糖主要来源于菊苣、洋葱、香蕉、大蒜和韭葱等植物。

低聚果糖不能在人体内被消化吸收，属于低分子质量的水溶性膳食纤维，其主要的生理作用包括：①改善肠道菌群，促进双歧杆菌增殖；②润肠通便；③低热量，不升高血糖水平；④促进矿物质的吸收；⑤抗龋齿。

低聚果糖是国家卫生健康委员会（原卫生部）批准的营养强化剂，被批准在婴儿配方食品、较大婴儿和幼儿配方食品中作为益生元类物质的来源之一，该类物质在婴儿配方食品、较大婴儿和幼儿配方食品中的总量不得超过 64.5g/kg。低聚果糖可广泛地应用于乳制品、饮料、糖果糕点等食品中和功能性食品中，还可用于化妆品。

菊粉（Inulin）是一种由短链和中长链的 β-D-果聚糖（Fructan）和果糖基（Fructosyl）单位通过 β-2,1 糖苷键连接而成的果糖聚合物的混合物，聚合度可高达 60，多来源于菊科植物。菊粉的生理功能包括：①调节肠道菌群平衡；②促进骨骼健康；③低热量，消化慢；④调节血脂水平。我国将菊粉批准为新食品原料，每日推荐摄入量≤15g，可用于除婴幼儿食品外的各类食品。

3. 低聚半乳糖

低聚半乳糖（Galactooligosaccharides，GOS）是一组具有天然属性的功能性低聚糖。低聚半乳糖主要具有以下特性：①调节肠道菌群平衡，促进双歧杆菌增殖；②低热量，消化慢；③抗龋齿。

我国原卫生部于 2008 年批准低聚半乳糖为新资源食品，可应用于婴幼儿食品、乳制品、饮料、焙烤食品和糖果中，每日推荐摄入量≤15g，并可作为营养强化剂用于婴儿配方食品和幼儿配方食品中，添加量不超过 64.5g/kg。

4. β-葡聚糖

β-葡聚糖（β-Glucan）是一种天然提取的多糖，相对分子质量在 6500 以上，它不同于一般常见的糖类，最主要的差别在于糖苷键的连接方式不同，一般糖类以 α-1,4 糖苷键连接而成，而 β-葡聚糖以 β-1,3 糖苷键为主体，且含有一些 β-1,6 糖苷键连接的支链。β-葡聚糖由于其特殊的键连接方式和分子内氢键的存在，其分子结构呈螺旋形，这种独特的构形很容易被免疫系统接受。

β-葡聚糖主要具有以下作用：①提高免疫力；②降低胆固醇；③调节血糖水平。已经有 45 个国家批准使用葡聚糖，如美国 FDA 已批准 β-葡聚糖为安全的食品添加剂，日本厚生省确定 β-葡聚糖为一种功能性食品原料，我国也已批准其可作为食品添加剂。β-葡聚糖主要来源于真菌、植物和藻类，在大麦、燕麦、高粱、大米和小米等谷类的胚乳细胞壁中的含量尤为丰富。

（四）维生素和矿物质类

1. 维生素

维生素是调节人体各种新陈代谢、维持生命和机体健康必不可少的营养素。维生素在人体内几乎不能合成，必须从食物中不断摄取。如果膳食中长期缺乏某种维生素，就会引起代谢失调、生长停滞，甚至出现各种缺乏症，进入病理状态。如维生素 A 的缺乏会引起夜盲症，维生素 B_1 的缺乏会引起脚气病，维生素 B_2 的缺乏会引起口角炎，维生素 C 的缺乏会引起坏血病，维生素 D 的缺乏会引起小儿佝偻病等。

常用于食品强化的维生素 A 有粉末和油剂两类，一般以视黄醇、视黄酯、棕榈酸视黄醇的形式添加。β-胡萝卜素是许多植物性食品中均含有的色素物质，既具有维生素 A 的功效，又可作为食用天然色素使用，是一种比较理想的食品添加剂。通常用于营养强化的 B 族维生素是维生素 B_1、维生素 B_2、烟酸、叶酸等。维生素 B_1 盐酸盐，通常多用于强化面粉（面包、饼干等制品）及牛乳和豆腐等。维生素 B_2，即核黄素，目前多用亲油性的核黄素丁酸酯。烟酸，也称尼克酸、维生素 PP 或抗癞皮病因子，可用于面包、饼干、糕点及乳制品等的强化。维生素 C 也是常用的强化剂。此外，维生素 C 及其衍生物在护色、抗氧化等方面也有广泛的应用，主要用于强化果汁、面包、饼干、糖果等。

2. 矿物质

矿物质也称为无机盐，是构成人体组织和维持机体正常生理活动所必需的成分。它们还维持着体内的酸碱平衡、细胞渗透压，调节神经的兴奋、肌肉的运动，维持机体的某些特殊的生理功能。属于无热量食品成分，在人体内以离子形式存在。矿物质不能在人体内生成，也不会在机体的新陈代谢中消失，但人体每天都会排出一定量的矿物质，所以必须通过摄取食物来补充。

按在体内的含量和对膳食的需要不同，可将矿物质分为两类。一类是钙、磷、硫、钾、钠、氯和镁 7 种元素，称为大量元素或常量元素，在体内的含量在 0.1g/kg 以上，需要每天摄取 100mg 以上。另一类需要量很少，现已知有铁、锌、铜、碘、锰、钴、硒、铬、镍、锡、硅、氟、钒等，其中后 5 种是在 1970 年后才确定是必需的矿物质，这类元素称为微量元素。矿物质中的大多数可以从天然食物中摄取，并能满足机体的需要；但如钙、铁、锌、碘、硒等容易缺乏，需要强化补充。常见的补充形式有：钙，常用葡萄糖酸钙、乳酸钙、碳酸钙、磷酸氢钙等形式补充；碘，在碘盐中经常以碘酸钾的形式来强化；铁，按铁来源的不同可分为血红素铁与非血红素铁两类；锌，常用的锌强化剂有硫酸锌、乳酸锌和葡萄糖酸锌等可溶解的锌化合物。我国现允许使用的矿物质类营养强化剂有 34 种，详见 GB 14880—2012《食品安全国家标准　食品营养强化剂使用标准》。

（五）有机酸类

1. 绿原酸

绿原酸（Chlorogenic acid）也称为咖啡鞣酸，是由咖啡酸（Caffeic acid）与奎尼酸（Quinic acid）形成的缩酚酸，属于芳香族有机酸。绿原酸具有广泛的生物活性，绿原酸的生理功能主要包括：①抗氧化；②抑菌及抗病毒。

目前，对于绿原酸在食品中的应用尚未有明确的规定。但在美国，一些咖啡、金银花提取物可用于食品中，并带有条件声明。在英国和挪威，绿原酸作为食物活性成分被加入咖啡、口香糖和薄荷糖中。绿原酸广泛存在于植物中，尤其是忍冬科、薇科、菊科、茜草科和杜仲科等科的植物中，是咖啡中的主要酚类化合物。

2. 阿魏酸

阿魏酸（Ferulic acid）是一种广泛存在于植物中的酚酸，在细胞壁中与多糖和蛋白质结合成为细胞壁的骨架，具有多种生理功能，主要表现为：①抗氧化；②抑制血小板聚集；③抗菌、抗病毒；④防治心血管疾病、预防阿尔茨海默病、解痉和抗肿瘤等。

阿魏酸在国内尚未被批准使用。美国 FDA 和国立营养食品协会将阿魏酸列入膳食补充剂名单中。日本也批准了将阿魏酸作为食品添加剂使用。

（六）生物碱类

左旋肉碱（l-carnitine），又称为维生素 BT，化学名为 3-羟基-4-三甲氨基丁酸内酯。左旋肉碱最重要的功能是作为载体以酰基肉碱的形式将长链脂肪从线粒体外运送到膜内，促进脂肪酸的 β-氧化，产生能量并降低血清胆固醇及甘油三酯的含量，提高机体耐受力。GB 14880—2012《食品安全国家标准　食品营养强化剂使用标准》规定了左旋肉碱作为食品营养强化剂，可用于果蔬汁、含乳饮料、特殊用途饮料、风味饮料和固体饮料中。

（七）类黄酮类

绿茶多酚是绿茶的主要活性物质，约占茶叶干重的 30%（质量分数）。大量动物实验和临床实践已证明茶多酚具有多种生物学效应，其生理作用主要表现在：①抗氧化，清除自由基；②抗肿瘤；③防治心血管疾病；④保护肾脏；⑤抗病毒、保护肝脏、抗紫外线等。在我国，茶多酚作为食品添加剂中的抗氧化剂，可用于多种加工食品。

（八）酚类

原花青素属于缩合单宁，是广泛存在于植物界中的一大类多酚类化合物，根据分子的聚合度，原花青素可分为单体、寡聚体（OPC）、多聚体，目前研究最广的葡萄籽提取物以寡聚体为主。

原花青素的生理功能主要表现在：①抗氧化；②保护心血管；③降低毛细血管通透性、抗炎、抗水肿；④抗肿瘤。

在我国批准注册的含原花青素功能性食品中，每日推荐摄入量为 50~250mg。原花青素在葡萄、山楂、松树皮、银杏、花生、野生刺葵、番荔枝、野草莓、可可豆、贯叶金丝桃和白桦树等植物中含量丰富。目前研究最多的是葡萄籽和葡萄皮中的原花青素，其中葡萄籽中的含量为 5%~8%（质量分数）。

（九）萜类

番茄红素（Lycopene）是成熟番茄中的主要色素，是一种不含氧的类胡萝卜素。研究发现番茄红素具有多种生理功能，主要包括：①抗氧化；②降血脂；③增强免疫力；④抗癌。

我国原卫生部在 2008 年第 27 号公告中批准番茄红素作为着色剂，可用于饮料（包装饮用水除外）、糖果、固体汤料、半固体复合调味料等食品中，最大使用量分别为 15，60，390，40mg/kg，均以纯番茄红素计。同时，番茄红素可以用于功能性食品，提供抗氧化、增强免疫力的功能。

（十）益生菌

我国可用于普通食品和功能性食品的益生菌包括 3 个属：乳杆菌属、双歧杆菌属及链球菌属。目前申报和批准含益生菌的功能性食品，主要有调节体内菌群、增强免疫力、通便等功能。益生菌的安全性评价按 2005 年《益生菌类保健食品申报和审评规定（试行）》执行，2022 年 11 月国家市场监督管理总局启动组织修订了《益生菌类保健食品注册品评指导原则》。

1. 乳杆菌属

根据《可用于保健食品的益生菌菌种名单（卫法监法〔2001〕84 号）》，可用于保健食品的乳杆菌共 4 个种，即德氏乳杆菌保加利亚亚种（*Lactobacillus bulgaricus* subsp. *bulgaricus*）、嗜酸乳杆菌（*Lactobacillus acidophilus*）、干酪乳杆菌干酪亚种（*Lactobacillus casei* subsp. *casei*）和罗伊氏乳杆菌（*Lactobacillus reuteri*）。

乳杆菌的主要生理功能有：①抑制致病菌；②调节免疫；③减少腹泻；④改善乳糖不耐受、抗肿瘤、降胆固醇、减肥、防治心血管疾病等。

2. 双歧杆菌属

双歧杆菌属属于放线菌纲、科里氏杆菌亚纲、双歧菌目、双歧杆菌科，迄今为止已报道双歧杆菌属有 28 个种，被我国于 2010 年列入《可用于食品的菌种名单》的有 6 个种，分别为青春双歧杆菌（*Bifidobacterium adolescentis*）、动物双歧杆菌（*Bifidobacterium animals*）、两歧双歧杆菌（*Bifidobacterium bifidum*）、短双歧杆菌（*Bifidobacterium breve*）、长双歧杆菌（*Bifidobacterium longum*）、婴儿双歧杆菌（*Bifidobacterium infantis*），除动物双歧杆菌外，其他均属于可用于保健食品的益生菌名单。

双歧杆菌的主要生理功能有：①改善乳糖不耐受；②营养作用；③改善腹泻及缓解便秘；④增强免疫力；⑤降血脂、调节肠道内环境、抗癌、改善代谢综合征等。

3. 链球菌属

根据《可用于保健食品的益生菌菌种名单（卫法监法〔2001〕84 号）》，可用于保健食品的链球菌属仅包括嗜热链球菌（*Streptococcus thermophilus*）一种。

嗜热链球菌的主要生理功能有：①改善肠道微环境；②调节血压；③抗癌作用；④延缓衰老等。

三、"药食同源"资源及其应用

（一）"药食同源"资源

中医药学历来有"医食同源"或"药食同源"的说法。人们通过几千年的生活实践，发现食物与药物一样均来自大自然，食物也具有预防保健、治疗、康复的作用。中医药学赋予这种食物双重性质是对医学的一大贡献，它扩大了食物的应用范围。

在功能性设计中也可以加入一些规定的药物，目的有三：其一，发挥某些防治疾病的作用；其二，增加功能性食品的某些营养成分；其三，利用某些中药来调整食品的色、香、味，从而增强食品的感官功能。

按照药食同源资源不同的保健功能可以进行以下分类。

①免疫调节：茯苓、枸杞、大枣、阿胶、桑葚、银耳。

②促进消化：山楂、麦芽、鸡内金、山药、莱菔子、扁豆、陈皮、茯苓、大枣、佛手。

③改善记忆：茯苓、黄精。

④促进生长发育：山楂、鸡内金。

⑤缓解体力疲劳：枸杞、砂仁、肉桂、丁香。

⑥提高缺氧耐受力：沙棘籽油、枸杞、黄精。

⑦抗辐射：银耳、枸杞、香菇。

⑧通便：火麻仁、决明子、莱菔子、百合、玉竹、芦荟、橘皮、山楂、郁李仁、桑葚。

⑨降血脂：山楂、芦荟、决明子、荷叶、沙棘籽油。

⑩降血糖：葛根、黄精、乌梅、决明子、山药、甘草、苦瓜、桑叶、百合。

⑪改善睡眠：酸枣仁、莲子心、桑葚、枸杞子、茯苓。

⑫减肥：荷叶、茯苓、决明子、山楂、香橼、菊花、海藻、莱菔子、乌龙茶。

⑬改善营养性贫血：阿胶、茯苓、桑葚、大枣、龙眼肉、陈皮、枸杞。

⑭保肝：山楂、桑葚、麦芽、葛根、黄精、大蒜、枸杞、茯苓、栀子、鱼腥草、陈皮。

⑮促进泌乳：龙眼肉、大枣。

⑯护胃：茯苓、山楂、薏苡仁、陈皮、干姜、葛根、蒲公英、甘草、枸杞。

⑰排铅：海带、茶叶、猕猴桃。

⑱清咽润喉：菊花、桑叶、胖大海、薄荷、桔梗、金银花、乌梅、蒲公英、罗汉果、甘草。

⑲降血压：决明子、海带、茶叶、山楂、槐花、菊花。

⑳缓解视疲劳：枸杞、越橘、菊花、决明子。

㉑祛痤疮：决明子、白芷、茯苓、枸杞、金银花、栀子、桑叶、马齿苋、鱼腥草、山楂、菊花、薏苡仁、杏仁、乌梢蛇。

㉒祛黄褐斑：枸杞、桃仁、桑葚、菊花、决明子、茯苓、葛根、桑叶、干姜。

㉓改善皮肤：白芷、葛根、杏仁、乌梅、山药、枸杞、昆布、桑葚。

（二）"药食同源"资源的应用

"药食同源"产业既是中国健康产业，也是民族文化传承产业，还是新时代快速兴起的产业。近年来，已有许多遵循"药食同源"理论开发的产品，此处依据产品的功能进行应用介绍。

①发散风寒：紫苏，紫苏油、紫苏酒、紫苏茶；生姜，生姜精油；藿香，藿香正气水；白芷，白芷胶囊、白芷粉。

②发散风热：薄荷，薄荷脑油、薄荷膏；桑叶，桑叶茶、桑叶咀嚼片；菊花，菊花晶、菊花脑、菊花茶。

③清热泻火：淡竹叶，清清宝、淡竹叶茶、竹叶黄芪汤；栀子，栀子花茶、栀子花酒；决

明子，决明子胶粉、决明子茶。

④清热解毒：金银花，金银花露、金银花茶、金银花颗粒；蒲公英，蒲公英酒、蒲公英散、蒲公英颗粒；绿豆，绿豆糕、绿豆粉丝、绿豆速溶粉。

⑤泻下：火麻仁，麻仁软胶囊；郁李仁，郁李仁粥、郁李仁草本胶囊。

⑥祛风湿：木瓜，木瓜酒、木瓜葛根蜂花粉片、木瓜膏。

⑦化湿：砂仁，砂仁酒、砂仁糕、砂仁压片糖。

⑧利水消肿：茯苓，桂枝茯苓丸；薏苡仁，薏苡仁油、薏苡仁红枣饮料。

⑨祛寒：八角，八角茴香水；肉桂，肉桂油、人参肉桂酒；丁香，丁香粉、丁香陈皮。

⑩理气：黄芥子，喘必通、神农风骨草黄芥子肉桂胶囊。

⑪消食：山楂，山楂精降脂片、山楂干、山楂饼、山楂干红酒；莱菔子，莱菔子油、消食口服液。

⑫止血：小蓟，小蓟粉、小蓟胶囊。

⑬化痰止咳：桔梗，干桔梗片、桔梗茶；昆布，昆布茶、昆布精。

⑭安神：酸枣仁，酸枣仁合剂、酸枣仁油软胶囊、酸枣仁粉。

⑮补足：山药，山药粥、山药汁饮料；白扁豆，白扁豆粉。

⑯固涩：乌梅，乌梅丸、乌梅汤。

（三）保健食品管理

保健食品是一种对特定人群、特定年龄或特殊病人有着辅助治疗作用的特殊食品。为加强对保健食品的监督管理，保证保健食品质量，根据《中华人民共和国食品卫生法》的有关规定，原卫生部于1996年3月15日发布了《保健食品管理办法》（卫生部第46号令）。该办法所称保健食品系指表明具有特定保健功能的食品，即适宜于特定人群食用，具有调节机体功能，不以治疗疾病为目的的食品。国务院卫生行政部门对保健食品及其说明书实行审批制度。具体内容包括总则、保健食品的审批、保健食品的生产经营、保健食品标签、说明书及广告宣传、保健食品的监督管理、罚则和附则等8部分。《保健食品管理办法》自1996年6月1日起实施，其他保健食品卫生管理办法与《保健食品管理办法》不一致时，以该办法为准。同时为规范保健食品的注册与备案，根据《中华人民共和国食品安全法》，《保健食品注册与备案管理办法》已于2016年2月4日经原国家食品药品监督管理总局局务会议审议通过，自2016年7月1日起施行。现已根据2020年10月23日国家市场监督管理总局第31号令修订为《保健食品注册与备案管理办法（2020年修订版)》，在中华人民共和国境内的保健食品的注册与备案及其监督管理应严格按照该办法执行。

🔍 思考题

1. 简述食品配方设计的原则及设计内容。
2. 为什么要对食品进行调色？调色的基本原理是什么？
3. 简述乳化剂的定义及其在食品体系中的作用。
4. 在新产品功能性设计中，如何控制功能因子的加入量？

食品新产品加工技术

[学习目标]

1. 了解食品新产品开发过程中的新兴加工技术。
2. 了解食品新产品加工技术特点与创新之处。
3. 了解食品新产品加工技术在食品行业的应用现状和发展趋势。

食品加工工艺是指将原料加工成半成品或将原料和半成品加工成食品的过程和方法，它包括了从原料到成品或将配料转变成最终消费品所需要的全部加工过程。产品质量的高低取决于工艺的合理性和每一道工序所采用的加工技术，其中每道工序又可以通过不同的技术来实现，应用不同的技术所得到的产品质量会有所不同，这被认为是食品技术的核心。食品加工的目的是提升食物原材料价值、保鲜期、口感，但是不规范的食品加工反而会增加食品的不合格率，影响产品质量，甚至造成食品安全风险。因此食品新产品开发必须重视食品加工工艺的使用和优化，在保障食品安全的基础上满足人们多样的饮食需求，保障食品安全，避免不合格的食品流入市场。

工艺是与原料和产品紧密联系的，每种产品都有相应的工艺。读者可以参阅相关食品工艺学图书以及各类食品审查细则了解各类食品的详细工艺。食品工艺具有变化性、多样性和复杂性，使得食品的种类可以不断改变和创新。从食品新产品开发上市的角度来看，除了准确洞察消费趋势，占领市场先机，如何从加工技术层面进行突破创新，实现产品差异化，对于品牌和企业的业务增长是至关重要的。因此，本章主要对近年来出现的一些典型新技术、新工艺及其在全球食品新产品中的应用作简要介绍。

第一节　超声波技术

超声波是频率为 20kHz 以上的声波，它在介质中传播时，会使介质中的粒子产生振动，并通过介质在传播方向上传递能量，从而形成有效的搅动与流动，达到普通低频机械搅动达不到的效果。它所具有的力学效应可引起介质搅拌、分散、成雾、凝聚和冲击破碎等，还能促使液体之间，固体之间，液–固、液–气界面之间发生分子相互渗透，形成新的物质属性。

超声波主要应用于医学领域。如今，随着非热加工、清洁生产、可持续等生产加工理念在食品行业的兴起，超声波对于以热量为基础的传统加工技术的改造、生产效率的提高和产品品质的提升都被行业广泛认知。

超声波技术在食品加工中具有多方面的应用，其产生的机械效应能被用于脂肪的结晶、起泡脱气、香气提取、过滤干燥、冷冻、混合均质以及肉质嫩化等，在生化效应方面具有微生物灭活、均质灭菌、巴氏杀菌等一系列应用（图4-1）。此外，高频振幅的超声波振动刀片可以防止刀具与产品间的粘连和堵塞，从而实现干净利落的食品切割，而不会产生废料。超声波应用范围广泛的超声波技术在处理效率上同样具有优势，流程效率的大幅提高不仅能实现产品产量的提升还在一定程度上降低了生产成本。

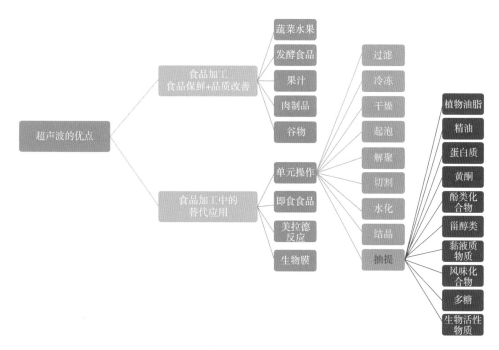

图4-1　超声波技术在食品加工中的应用

与大部分肉制品相比，传统萨拉米发酵香肠中食盐（约80g/kg）和脂肪（约320g/kg）含量较高，长期食用会诱发心脑血管疾病。因此，降低发酵香肠中食盐和脂肪添加量势在必行。超声波技术不但能改变发酵香肠中肌肉组织结构，改善香肠内部凝聚力，而且能提升盐分扩散系数及渗透速率，使盐分更均匀地分布，促进盐溶性蛋白质渗透至香肠表面，改善低盐发酵香肠的风味和色泽。

此外，超声波处理还能促进萨拉米发酵香肠中乳酸菌和微球菌的增殖，提高发酵香肠中蛋白酶和脂肪酶的活性，有助于蛋白质水解和脂肪氧化产物的形成，在低盐状态下促进萨拉米发酵香肠特有风味的形成。

超声波机械效应所带来的"吹泡泡"技能备受奶泡咖啡及啤酒制作界的青睐。在欧美地区，超声波技术还常被用于制造啤酒泡沫。英国某公司开发的超声波设备是一款非常棒的风味增强小工具，被称为"袖珍型超声波精酿啤酒工具"，它能通过饮料发送超声波刺激气泡产生，将更多的风味带出。

尽管超声波技术在国内的商业化尚且缓慢，但其在食品保存、品质提升以及与其他加工技术结合方面的潜力仍然值得期待。

第二节 益生菌发酵技术

进入 21 世纪以来，人类对于益生菌的探索步伐明显加快，全球消费者对益生菌的认知与接受度达到了一个前所未有的高度。益生菌产品的销售数据反映了其广阔的市场前景。益生菌的商业版图为全球食品产业所瞩目。常见的肠道益生菌主要有双歧杆菌、乳酸杆菌、大肠杆菌。图 4-2 所示为肠道益生菌的主要作用。

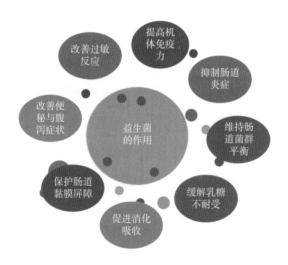

图 4-2 肠道益生菌的主要作用

新技术让益生菌的潜力完美变现。近年来，益生菌市场的一大重要进展就是发现了可以形成孢子的益生菌。通过极端条件下的"应激"反应形成"孢子"，可以帮助菌种提高抗逆性，使其比一般益生菌更能抵抗酸性、碱性、热、冷和压力等极端条件。应用这些"孢子"，可以提高有益菌种在不同生产工艺下的成活率和在肠胃中的定植率（有益菌定植率指人体内有益菌群的数量和种类占据肠道内菌群的比例），使它们更适合添加在日常的食品和饮料中来强化食品和饮料的功能。这一成果打破了传统市场"只有酸乳中会含有益生菌"的应用限制，开辟了更多应用可能。如今，孢子型益生菌几乎可以添加到任何产品中，包括茶、咖啡、燕麦片、松饼、比萨、薯片甚至是花生酱。

凝结芽孢杆菌（*Bacillus coagulans*）BC30 是孢子型益生菌中最成功的商业化产品。其特有的极强耐受力使其可用于各类储藏、食用和烹制条件，覆盖 900 多种食品饮料。研究表明，凝结芽孢杆菌 BC30 与酪蛋白一起服用比单独使用酪蛋白更能有效地减少运动后的肌肉损伤。凝结芽孢杆菌 BC30 还能促进消化道对植物蛋白的消化吸收，可减少结肠中过量未消化的蛋白质，改善结肠环境。目前，凝结芽孢杆菌 BC30 是唯一一种已证实可促进蛋白质消化的凝结芽孢杆菌。

尽管围绕转基因食物的争论仍将长期持续下去，但是对于通过基因手段获得特殊性能的益生菌，从而不断拓宽益生菌的应用，最终推动功能性食品创新，已达成行业共识。2019 年，美国基因工程公司推出市场上首个商业化基因工程益生菌制品，产品采用专利菌株枯草芽孢杆菌 ZB183，利用同源重组技术，将人体肝脏内促进乙醛分解的 DNA 片段在自身 DNA 中复制表达。将 ZB183 益生菌加入常规饮料中，开发了一款抗宿醉饮品。与市面上加入植物提取物获得抗宿醉功能的同类型饮料相比，益生菌抗宿醉饮料能同时实现优化肠道微生态、促进消化和提升免疫力等多重功效，具有更好的市场前景。

通过在一种能够生产乳酪的细菌体内用基因手段表达 2 种药物成分，刺激调节性 T 细胞，可以指导免疫系统停止攻击胰岛素生成细胞。利用此原理制成的口服制剂，能够在有限时间内使 I 型糖尿病患者不需要使用胰岛素，或在诊断后延迟其对胰岛素的需求。

将益生菌发酵技术引入食品加工，开发具有改善肠道健康、预防和缓解慢性疾病特性的益生菌类系列新产品，将为益生菌应用和食品加工新兴产业带来革命性的影响，具有广阔的市场潜力。

第三节　超高压技术

超高压技术（HPP）又称为高静压加工技术，是一种食品安全技术，将食品原料包装后密封于超高压容器中，在一定压力（≥100MPa）下加工适当的时间，可消除食品中的病原体，从而延长保质期，减少防腐剂和化学物的产品使用，并且能够最大程度地保留维生素、矿物质等营养物质。因而 HPP 产品对消费者有很强的吸引力，虽然其价格较高，但消费者普遍认为 HPP 产品是一种健康的产品。

据美国饮料调查公司（BMC）报告，虽然超高压技术尚未完全成为主流，但目前已经在饮料行业迅速发展，且主要使用这种技术处理冷榨果汁和冷泡咖啡两类产品。超高压灭菌还可以代替巴氏杀菌，从本质上讲，这种方法就像把产品放到 60km 深的海里，强大的水压可以杀死有害的微生物，而不会破坏产品的营养物质和风味。

美国食品安全与健康研究所（IFSH）与企业联合共同完成了椰子水中肉毒梭状芽孢杆菌（*Clostridium botulinum*）潜在风险及危害的研究，对椰子水进行超高压加工处理能够有效灭活李斯特菌、沙门氏菌以及大肠杆菌等人们广泛关注的食源性致病菌。超高压加工处理工艺有效确保了产品的安全性，同时最大程度上保持了产品的风味以及营养价值。

此外，超高压技术还能用于产品质地改进和海鲜脱壳。已有研究表明，将狭鳕鱼糜装入乙烯袋内，并放入水中，从四周均匀地加压到 400MPa，保持 10min，即能制成鱼糕，加压后的鱼糕透明，咀嚼感坚实，弹性比原来高 50%；利用超高压技术处理牡蛎，经 250~300MPa 处理

10min 牡蛎的外壳将自动脱落，使牡蛎的前处理阶段节省了大量人力、物力和财力。

虽然超高压加工具有上述优势，但是因技术程度较为复杂、设备昂贵、产出量低而且产品售价较高，当前超高压杀菌的产量和设备成本还具有局限性，离大规模工业化的推广应用还有较长的距离。

第四节　超滤技术

超滤技术是膜分离技术的一种，其利用多孔膜的拦截能力，以物理截留的方式，将溶液中大小不同的物质颗粒分开，从而达到纯化、浓缩和筛分溶液中不同组分的目的。

自 20 世纪 90 年代中期开始，就有乳制品商生产超滤牛乳，通过膜过滤技术，将水、乳糖滤除，把蛋白质和脂肪分子截留浓缩，得到蛋白质、钙含量为普通牛乳数倍，而乳糖含量更低的牛乳。如图 4-3 所示，通过微滤技术除去牛乳中的细菌营养体及芽孢，经超滤技术实现蛋白质含量提升，后经纳滤技术去除乳糖，最后经反渗透技术实现总固形物含量提升。该技术让乳制品得以保留原生的高蛋白质，使其蛋白质含量比普通牛乳高 50%，钙含量高 30%，而糖含量降低 50%。"原生高倍营养乳"指采用超滤技术生产的牛乳，可保留牛乳中更多的营养，去除乳糖等成分，具有高倍蛋白质、高倍钙、零乳糖以及保质期相对较长等优点。

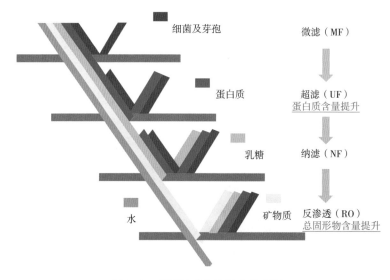

图 4-3　超滤技术在牛乳中的应用

2021 年 9 月，我国市场上推出的一款超滤牛乳，蛋白质含量高达 53g/L。紧接着在 2022 年 1 月，我国一家乳企采用超滤技术，打造了一款"原生高蛋白+原生高钙+低脂+低钠"型超滤牛乳（图 4-4），产品中原生蛋白质含量达 60g/L，蛋白质含量是普通牛乳的 2 倍，钙含量达到 1800mg/L，是普通牛乳的 1.8 倍。此外，使用超滤牛乳为原料制作的酸乳也能实现高蛋白质低糖的目的。

图 4-4　超滤牛乳

此外，超滤牛乳比大部分高端牛乳保质期长。超滤膜在过滤水、乳糖的同时，也能过滤掉相当部分的细菌以及芽孢。因此，在同等杀菌条件下，超滤牛乳的保质期会被极大延长。如，某品牌的超滤牛乳的保质期在未开封且冷藏的条件下可长达 120d。因此，超滤技术用于乳品加工，对于降低乳品的流通难度，突破传统的运输半径具有重要意义，这为当下高端液态乳的升级提供了新的方向。

超滤技术除了在高端乳制品行业备受关注，在新茶饮、天然色素等领域也受到越来越多的关注。某品牌的茶饮产品以高品质原叶真茶为基底，纯净水为唯一溶剂，全程低温萃取茶叶中的风味物质，再经碟式、振动、超滤等多层过滤及反渗透浓缩等技术提取茶叶精华，打造茶饮新品类"超速溶茶"（图 4-5）。

图 4-5　超速溶茶原萃工艺流程

第五节　3D 打印技术

3D 打印（三维打印）也称为增材制造，是一种使用计算机辅助设计软件控制、指示数字化制造机器、通过逐层添加材料的方式塑造三维物体的技术。2007 年，康奈尔大学的研究人员使用基于挤压的打印机将 3D 打印引入到食品领域。无论把食物想象成何种形状、大小、颜色，都能依靠 3D 食品打印技术，将心中所想真真切切地呈现在眼前。3D 食品打印技术具有个性化、营养、安全、形状多样等优点，能够根据配方和营养成分的不同对食品营养组分进行优化，方便快捷地制造出可满足不同人群需求的健康食品（如低糖、低盐和富含维生素等的产品），丰富食品种类，改善食品品质。3D食品打印技术具有深刻的革命性，我国"十四五"规划将3D打印列为食品领域高质量发展的重点研究方向。

目前，可应用于食品打印的3D打印方法有4种，包括选择性激光烧结打印、热熔挤出/室温挤出、熔融沉积和喷墨打印，其中以热熔挤出/室温挤出方式最为常见。研究表明，用于食品3D打印的材料需要满足3个基本特性：打印性、适用性和后加工性。打印性是指材料能够通过3D打印机进行控制和沉积，并且在沉积后具有保持产品形状的能力；适用性是指材料具有可用于满足人们特定需求的能力，即可用于构建复杂几何设计和结构的能力；后加工性是指食品材料具有可以经受后加工处理的能力。研究人员就不同食材对3D打印技术的适应性进行了大量研究，开发出了基于巧克力、面团、糖类、干酪、蛋白凝胶等原料的3D打印食品（表4-1）。

表4-1　　　　　　　　　　　　　常见的3D打印食品

食品原料	食品原料类型	成型机制	适用的打印技术
糖类、巧克力、冰淇淋	熔融材料	受热融化，遇冷凝结	熔融沉积
明胶、果胶、淀粉、蛋白凝胶	胶凝材料	依靠流变学特性以及胶凝特性	喷墨打印
面糊、面团、干酪	黏性材料	依靠流变学特性以及黏度特性	常温挤出成型、选择性激光烧结打印

美国国家航空和宇航局与企业合作，使用3D打印技术来增强宇航员食品的营养性、稳定性和安全性，确保航天员可以得到营养且稳定的、单独包装及保存的食物。一项为美国国家航空和宇航局开发的3D打印技术能在完全没有水分的情况下，以粉状形式储存营养物。因此，这些食物的保质期可以超过30年。此外，这项技术还让食物选择更多样化，为航天员提供了美味食品。

2021年8月，发表在《自然通讯》（*Nature Communication*）上的研究结果显示，日本大阪大学（Osaka University）研究人员以牛卫星细胞和脂肪干细胞为基础，借助3D打印技术，尽可能准确地再现了牛肉的独特纹理，重现肌肉纤维、脂肪和血管等复杂结构。相关技术将允许消费者根据自己口味和健康需求进行个性化产品的生产，包括可以自由选择脂肪含量等。新加坡南洋理工大学（NTU Singapore）、新加坡科技与设计大学（SUTD）和新加坡邱德拔医院（KTPH）的研究人员合作开发了一种利用新鲜和冷冻蔬菜制作"食品墨水"的新方法。将蔬菜大致分为三类，以豌豆、胡萝卜和青菜作为每一类的代表，经过水胶体处理制成液体或半固体，最后通过喷嘴挤出，并逐层组装。研究人员表示，与现有的方法相比，这种"食品墨水"能更好地保存新鲜和冷冻蔬菜的营养和风味。意大利福贾大学研发出了一种专门为儿童设计的3D打印食品，以香蕉、柠檬等水果为主要原料，同时辅以果胶，制备的产品富含多种维生素。

日本一家概念设计公司结合基因组学和3D打印技术推出了为顾客量身打造的一款3D打印寿司。顾客预约后，会收到一份"健康检测套装"，要在用餐前约两周内递交唾液、尿液、排泄物等样本。餐厅对样本进行分析后，会判断顾客的饮食中缺乏哪些营养元素，然后通过3D打印技术将其加入食物中，实现了食品营养的个性化精准定制。

随着越来越多的高新食品面世，我们将会见识到更多新颖的食品设计，3D食品打印技术在提高食品创新力的同时，还能够帮助节能减排，将其称为"未来厨师"或"机器人厨师"并不为过。"健康中国 2030"国家战略的实施使得以营养健康为导向的食品加工业进入了发展的关键期。3D 打印技术在精准营养食品、食品的个性化定制中展现出了独特的优势，它在食品新产品开发中的潜力值得期待。

🔍 思考题

1. 简述食品新产品加工技术在设计上存在的创新之处及其优势。
2. 与传统的食品加工方式相比，新产品加工技术存在哪些风险？

第五章 | CHAPTER

食品新产品包装设计

5

[学习目标]

1. 熟悉和掌握食品包装的定义、分类和功能。
2. 了解食品包装设计的基本要求和主要内容。
3. 掌握食品包装的发展趋势。

包装设计是食品新产品开发过程中的重要一环，是食品品牌的重要组成部分，直接决定着食品能否吸引消费者。好的包装设计能够对食品进行更好的保护，并提高品牌知名度和食品销售额。本章主要介绍食品包装的定义、分类、功能和基本要求，重点围绕包装内容和设计的方法和流程进行详细介绍，并对食品包装的发展趋势进行总结。

第一节 食品包装概述

一、食品包装的定义

食品包装（Food packaging），是指选取合适的容器、材质以及包装技术，将生产出来的各类食品进行包裹，使其在到达消费者之前的装卸、运输或销售等的整个流通过程中的食品品质和商品价值得到保护。

二、食品包装的分类

由于各类食品的质量、形态、用途和贮藏方式等不同，所以需要采用相对应的包装材料、形态、技术和加工条件。因分类角度不同，现代食品包装形成了多样化的分类方法。

（一）按包装形态分类

包装形态的整体构造是由材质、文字、图案、款型、色彩和工艺设计等诸多元素组成的立体形态，占有一定空间，构成具有情感的形象特征。在现代商品流通领域，形态是包装最直观的表现形式。食品包装按包装形态可分为个体包装、内包装和外包装。

（1）个体包装 又称为商品包装，是以适当的材料或容器对产品个体进行包装设计，将商品的内容通过视觉表现出来，其目的在于提高产品的商品价值。

（2）内包装 把个体包装汇总成两个以上进行包装，或对较大的产品采取防水、防潮、缓冲措施，或是直接固定在外包装容器上，而施加压杠、支撑以防止产品移动等。

（3）外包装 又称为运输包装，指在商品内包装外面又重复进行的包装。一般指将内包装商品装入中型或大型的箱、袋、盒、罐中，包装后，在外表面标有记号、戳记、商品名称、商标等并使其具有一定形态的技术。其作用主要是用来保障商品在流通过程中的安全，便于装卸、运输和储存。

（二）按包装次序分类

食品包装按包装次序可分为第一次包装、第二次包装和第三次包装。

（1）第一次包装 也称为主体包装，是产品的直接包装。

（2）第二次包装 也称为销售包装，以销售为主要目的，有便于销售的作用。

（3）第三次包装 也称为工业包装，以储运为主要目的，主要功能是保护商品，防止其出现损坏。

（三）按包装功能分类

包装的功能是指包装与产品组合时所具有的功能，食品包装按包装功能可分为销售包装和运输包装两大类。

（1）销售包装 又称为小包装或商业包装，除了对商品具有保护作用外，还可以通过包装设计来传达商品和企业形象，吸引消费者注意力，提高商品竞争力。销售包装包括袋、盒、罐、瓶及其组合包装。

（2）运输包装 又称为大包装，以商品流通为目的，对商品具有很好的保护作用，同时方便运输和装卸。另外，对于特殊商品，包装上面应有明显的文字提示和图示，如"易碎""防雨""易燃""不可倒置"等。

（四）按包装方法分类

食品包装方法是把食品装入具有一定规格的容器中加以密封和杀菌消毒之后供贮存、运输和食用的方法。食品包装按包装方法可分为蒸煮包装、真空包装、充气包装、无菌包装、贴体包装等。

（1）蒸煮包装 蒸煮包装要求包装阻隔性好、韧性优良，在121℃蒸煮杀菌条件下不破裂、不收缩、无余味。蒸煮包装的食品，无需冷藏或冷冻，质量稳定，可与金属罐相当，便于销售，也便于家庭使用。主要用于肉类等熟食的包装。

（2）真空包装 也称为减压包装，是将包装容器内的空气抽出密封，使包装内处于低氧状态，限制微生物的生长，以达到食品保鲜及防止发霉腐烂的目的。目前，塑料袋真空包装、铝箔包装、玻璃器皿及其复合材料包装等已在市场上得到广泛应用。一般来说，需要高温杀菌的食品、易氧化变色失去新鲜度的食品、常温常压保质期短易腐坏变质的食品等均可选用真空包装，如常见的鸭掌、鸭脖、酱菜、酱料等食品。

（3）充气包装 充气包装是利用脱气或充气技术，除去装了食品的气密性包装容器中的氧或充入氮气，改变包装内食品周围的气体环境，减少或防止食品发生化学或生物化学反应，从而达到保护食品目的的一种包装方法。膨化食品通常会采用充气包装。

（4）无菌包装　为了使食品在不添加防腐剂和不经冷藏的条件下具有较长的保质期，在无菌环境下，将经过杀菌的产品装入已灭菌的容器中保持密封，以防止二次污染的一种包装方法。由于灭菌时间短，无菌包装的食品的营养成分破坏少，色泽、风味保持较好。这种包装方法广泛应用于牛乳、果汁饮料、豆乳、酒等食品的包装。

（5）贴体包装　将产品封合在用塑料片制成的，与产品形状相似的型材和盖材之间的一种包装形式。食品贴体包装过程，就是把需要包装的食品（如水果、水产、海鲜、鲜肉等）放置在纸板气泡布上，将贴体膜进行加热，然后在真空作用下使其紧贴产品，再与底板进行封合处理。与真空包装相比，贴体包装是近些年流行于国际市场上的一种包装新形式，是一种新颖的包装技术。贴体包装不仅真空密封，防止产品腐坏变质，延长保鲜期、保质期，同时由于采用食品级完全透明的塑料薄膜裹覆，使被包装的产品可以直观地呈现在消费者眼前，进一步增强了产品的吸引力。贴体包装机械设备已逐渐进入中国市场，越来越多的贴体包装产品走进消费者的视野，市场前景十分广阔。

（五）按包装材料和容器分类

包装材料是指用于制造包装容器和构成产品包装的材料（如金属、塑料、玻璃和纸、木材等）的总称。包装容器是指为储存、运输或销售而使用的盛装物品或包装件的总称，包括盒、箱、桶、罐、瓶、袋、筐等。

参照 GB/T 23509—2009《食品包装容器及材料　分类》（适用于与食品直接接触的以及预期与食品直接接触的食品包装容器及材料的分类），食品包装材质可分为七类：纸、塑料、金属、玻璃、陶瓷、复合材料、其他。表5-1所示为七类食品包装材质及其典型产品。

表5-1　　　　　　　　　　　　七类食品包装材质及其典型产品

包装材质	典型产品
纸	纸袋、纸碗、纸盒、纸杯、纸罐、牛皮纸、半透明纸、茶叶滤纸、糖果包装纸、纸浆模塑制品等
塑料	塑料盒、碗、杯、盘、瓶、桶、罐、盖等
金属	铝制成的桶、罐、软管、金属炊具、金属餐具、马口铁、无锡钢板等
玻璃陶瓷	瓶、罐、缸、坛、盘、碗等
复合材料	纸、塑料、铝箔等组合而成的复合包、袋、碟、筒等
木材	木盒、木箱、木桶等
其他	竹制品、布袋、麻袋等

（六）按食品状态分类

食品的主要状态有液态和固态。食品包装按食品状态可分为固体食品包装和液体食品包装。

（1）固体食品包装　固体食品是常见的以固体状态存在的食品，如米饭、馒头、蔬菜、水果、鱼类、肉类等。固体食品包装的形式多样，例如，固体食品包装盒、固体食品包装瓶、固体食品包装袋等，不同的固体食品具有不同的包装技术要求。如包装固体食品用的纸板参照GB/T 31123—2014《固体食品包装用纸板》，标准规定了固体食品包装用纸板的产品类别、试验方法、技术要求、检验规则及标志等，适用于与食品直接接触的食品用包装纸板。

（2）液体食品包装　液体食品是指液体、浆体或带颗粒的液体等可以在管道中流动的食品。GB 19741—2005《液体食品包装用塑料复合膜、袋》规定了液体食品包装用塑料复合膜要求、技术要求、试验方法、检验规则和标志等。GB/T 31122—2014《液体食品包装用纸板》规定了液体食品包装用纸板的产品分类、技术要求、试验方法、检验规则、标志和包装。

（七）按销售对象分类

食品包装按销售对象可分为内销包装、出口包装和特殊包装。内销包装是指产品在国内流通、周转。出口包装是指适用于在国外销售的商品包装，出口包装的设计、产品的标签要适合进口国的民族风俗、生活习惯、风土人情及其食品法规要求。特殊包装是为特殊人群专门设计的食品包装，如军用食品、太空用食品包装等。

除此之外，纳米递送体系也有食品包装的功能，例如中国农业大学研究团队研发的α-乳白蛋白纳米管，其具有中空疏水壁和较高长径比，可以实现对食品中功能性物质（如姜黄素）的包埋，使功能物质更便于储存或运输，同时还能提高功能物质的生物利用率。

三、食品包装的功能及基本要求

（一）食品包装的功能

食品包装是食品商品的组成部分。食品包装能保护食品，使食品在从离开工厂到消费者手中的流通过程中免遭生物、化学、物理等外来因素的损害，它既可以保持食品本身质量稳定，方便食品的食用，又可表现食品外观，吸引消费者，具有物质成本以外的价值。食品包装的功能大致可分为：保护与盛载功能、储运与促销功能、便利功能、美化商品与传达信息功能、卫生与安全功能及成组化与防盗功能等。

1. 保护与盛载功能

保护与盛载被包装物属于包装的基本功能，不同质构和形态（例如固体、液体、粉末或膏状等）的被包装物具有不同的包装要求。有些食品在到达消费者手中之前通常需要经过多次搬运、贮存、装卸等过程，会经历不同形式的损毁，如冲撞、挤压、受潮、腐蚀等。如何将食品保持完好状态，使各类损失降到最低点，这是包装制品生产制造之前首先需要考虑的问题，同时也是选材和结构设计的理论依据。具体表现在以下几个方面。

（1）防震动、挤压或撞击　食品在运输过程中要经历多次装卸、搬运，外力挤压食品或食品包装，易造成食品变形或破裂，使汁液流失，甚至不能食用，如水果、蛋糕和一些玻璃罐装饮料等。因此在包装选材上应该选取具有稳定保护性的材料。

（2）防干湿变化　高水分含量易引发微生物繁殖、酶促反应、非酶褐变、氧化反应等，影响食品营养品质和感官品质，而低水分含量则会影响食品外观形态。水分蒸发会导致食品萎缩和重量损耗。此外，水分转移也会影响口感和风味。因此要采用防潮包装技术或选取一些密闭性良好的材料，有效延长食品的保质期。

（3）防冷热变化　温度会影响某些食品的性质。温度过高会加速食品中的化学和酶催化反应，加大挥发性物质的损失，使食品质量、成分和外观等产生变化，导致变质；温度过低会产生冷害，也会影响食品品质。适宜的温度有利于食品保质保鲜，不适宜的温度往往造成食品干裂、污损或霉化变质。

（4）防光照   光照不利于食品质量和营养的保持，尤其是紫外线的照射，不仅会使食品中的油脂和天然色素发生氧化而导致食品酸败和色泽变化，还会损害食品中的 B 族维生素和维生素 C。光照还会造成蛋白质凝固、氨基酸分解、糖受热熔化等不利于食品质量保持的物理化学变化。此外，强光的照射会直接或间接地升高食品的温度，不利于食品的保藏。因此，包装的避光性能很重要。刺激响应型水凝胶可以对光、pH 和温度做出响应，还能很好地控制水分活度，以保护食品本身风味和营养物质不受外部环境的破坏。

（5）防外界对食品的污染   包装能有效地阻隔外界环境与内装物品之间的联系，阻断环境中的微生物对被包装物的侵害，防止污物接触食品而使其发生变质。如食品采用无菌包装或包装后进行高温杀菌等处理，可有效延缓食品腐败现象的发生，延长食品的保质期。

（6）防挥发或渗漏   一些液态商品的流动性易使其品质特性在储运过程中发生变化，如碳酸饮料中溶解的二氧化碳膨胀流失，某些芳香制剂和调味品挥发失效等，故选择合适的包装物十分重要。

2. 储运与促销功能

由于包装与被包装物都属于商品，在流通领域中就存在着运输储存等客观因素。各类商品大小形态不一会给运输储存带来许多不便，而包装恰恰能够解决这一问题，它可以统一商品的大小规格，以方便贮运或流通过程中的搬运或数量的清点。同时，包装物还可以印有文字，说明该商品的属性；设计各类好看的图案吸引消费者，以达到促进消费的目的。

3. 便利功能

便利的包装经常是消费者选择某种食品的重要理由，包装的便利包括使用便利、形态便利和场所便利，如调味品的易洒包装、新推出的奶片（干吃乳粉）。2022 年 6 月 1 日，某品牌推出全新包装"小红瓶"（图 5-1），作为罐装包装的升级版，具备随喝随盖、便携易带的特点，进一步方便消费者饮用。此外，外出旅游的食品要求具有质量轻、体积小、开启方便等特点，如此类食品采用的微波微压结合预冷技术，让消费者不需要撕开包装膜即可放进微波炉加热，还可保证食品风味。包装的便利功能还体现在将咖啡粉放入棒状的手持滤袋内，制作成"棒棒咖啡"，放进水里，轻轻搅拌，就能得到一杯浓醇的咖啡；将冷萃咖啡浓缩液装进便携的小管中，并注入氮气保鲜，只需要轻轻一按，冷萃咖啡浓缩液就会从小管中落下，注入热水或牛乳中，就可以做成一杯美味的美式或拿铁咖啡。

图 5-1   "小红瓶"

4. 美化商品与传达信息功能

视觉效果的传达是包装的精华，是包装最具商业性的功能。品牌包装设计，不仅可以使消费者熟悉商品，还能增强消费者对商品品牌的记忆与好感，提高对生产商品企业的信任度。包装物可通过设计给人美感，体现浓郁的文化特色，表达出强烈的传统文化风格，以及渗透出现代的艺术风韵和时代气息，这就使包装的商品具有了生命活力和美妙的诗意。例如某些当地特色饮食的包装，运用真笔插画描绘出当地的物件与样貌，加以图腾用来凝聚当地的生活轨迹，每一笔都是"老家的味道"。有的包装制品甚至可以当作艺术品，使得食品的自身价值也得到提升，达到促进消费的效果。包装物还可通过文字承载美好的寓意，表达祝福，唤起人们的回忆和共鸣，如在高考期间，某饮料品牌推出了"高考大吉罐"，某植物乳品牌在高考倒计时100天的时候推出了"孔庙祈福罐"，一些老字号中式糕点品牌推出了"定胜糕"，用美好寓意为考生们讨彩头，也唤起了人们的青春回忆（图5-2）。

图5-2　高考特制包装

5. 卫生与安全功能

食品在进行包装之前要经过清洗、干燥、除尘、消毒等几道工序的处理，被包装之后与外界的细菌或有毒物质分离开，使其在流通过程中保持了一定的稳定性。包装的这个功能可有效预防食品的二次污染。此外，包装制品除了美观大方、便于使用外，更要无毒无污染。

6. 成组化与防盗功能

成组化是指将相同或同类商品以包装为单位，通过中包、大包的形式组合包装在一起，使包装后的商品功能更加完备，从而达到一个新的商品价值和使用效果的过程。

防盗功能是保护功能的延伸，是为防止被包装的商品丢失而设计的一种特殊功能。如包装食品罐的铅封、牛乳纸箱上的封条码一旦被打开，就会留下明显的开启痕迹，从而起到警告作用。

（二）食品包装的基本要求

食品包装需要反映食品的特征、性能与形象，是食品外观形象化的手段。它能够第一时间吸引消费者的目光，从而提升销量。另外，包装设计与食品质量和安全性要求息息相关。综合各方面因素，食品包装存在以下基本要求。

1. 适应各种流通条件的需要

为使食品的质量在流通过程中得到一定的保障，食品包装应具有一定的强度，保证其坚实、牢固和耐用。对于不同储运方式和运输工具，应有选择性地使用相应的包装容器和技术处理，整个包装应适应流通领域中的储存运输条件和强度要求。

2. 适应食品特性与具有促销性

为了使包装完全符合商品理化性质的要求，食品包装应根据食品的特性，分别采用对应的包装材料与技术。包装材料与包装技术选用或操作不当，无法保证食品质量。另外，食品包装是食品促销的最佳手段之一，包装上可以展示食品的营养成分、食用方法、性能特点以及文化内涵等，使消费者更好地了解该食品。食品包装的促销性包括：必要的信息促销、形象促销、色彩促销、结构促销等。

3. 标准化

企业对食品进行包装时必须推行标准化，即对食品包装的包装容（质）量、包装材料、结构造型、规格尺寸、印刷标志、名词术语、封装方法等加以统一规定，逐步形成系列化和通用化，以便包装容器的生产，提高包装生产效率，简化包装容器的规格，节约原材料，降低成本，易于识别和计量，有利于保证包装质量和商品安全。

4. 适量适度

对商品包装而言，包装容器大小应与内装商品相适宜，包装费用应与内装食品价值相吻合。预留空间过大、包装费用占食品总价值比例过高，都有损利益。

5. 绿色环保

商品包装的绿色、环保要求要从两个方面认识：首先是对商品和消费者而言，包装材料容器本身是安全和卫生的。其次是对环境而言，包装的方法、材料容器等是安全和绿色的。在选材料和制造上，遵循可持续发展原则，节能，低耗，高功能性，防污染，可持续性回收利用或废弃之后能安全降解。如某公司推出的世界上第一个粥的纸盒包装，该包装三分之二以上的原料来自可再生森林，经回收后可以重新制成新产品，如瓦片、纸箱等。

第二节　包装设计

为了提高消费者的购买欲望，提高企业的销售额，现代食品相关企业越来越注重食品的包装设计。包装设计作为一种高度知识密集型的创造活动，在诱导消费、提高商品竞争力、传递品牌和产品的创新理念、促进企业发展等方面起着重要作用。广义的包装设计是指在对产品进行保护、位移、携带和使用的同时，为消费者塑造一个美好外观形象，让消费者更容易购买其产品，以达到销售的目的。在此主要介绍食品包装的内容设计和装潢设计。

一、包装的内容策划

包装具有宣传产品、提升产品形象、促进销售等功能。食品包装要以食品为核心，对于食品包装的内容策划要从市场调研、策划分析、内容设计三个方面开展。

（一）市场调研

市场调研主要是指设计者要对消费者的爱好、需求、趣味、意见等进行充分的研究，以了解市场上潜在消费群体的购买力、购买动机。对于新上市的产品，市场调研可以最大限度地规避风险，为企业带来最大的利润。包装设计是面对社会和市场的工作，只有对市场信息进行全面研究，才有可能设计出精美的包装。市场调研需注重以下方面。

（1）市场调研的内容　同类产品的特点、材质、形状、质量、展示效果等；同类竞争产品的包装历史变化情况及市场接纳程度；同类商品供求情况，如市场占有率、销售途径、促销手段等；同类商品包装在销售业绩中的贡献率；同类产品的销售群体，如消费动机、消费喜好、消费能力等；企业自身的产品经营状况，如历史文化、经营理念、行业地位等。

（2）市场调研的方法　①个别访问法，即调查者采用口头交谈的方式，向被调查者提出问题，寻求回答，以此了解市场实际情况，获得市场信息的方法；②问卷调查法，调查问卷的设计需科学、合理，设置的问题应容易被调查者理解，调查的问题应是广大消费群体普遍认知的问题；③文献调查法，即通过查阅文献资料获取产品包装信息的方法，通过图书馆、档案馆、博物馆、影视馆、展览馆、网络、报刊、图书、广告等，都可能获得相关产品包装的信息，这是一个十分重要的调查途径；④统计分析法，即运用统计学方法，对调查数据进行统计，求得相应的趋势或是比率的调查方法，该方法不仅能准确获得市场情况，还能从中发现存在的问题，并及时改正。

（3）市场调研结果　通过前期的市场调研，设计者从多方面搜集到了产品包装设计所涉及的市场、消费者信息，需对此加工整理写出调研报告，要求简明扼要、观点明确。作为一个新产品，在市场众多竞争对手中，要战胜已被消费者认可的同类产品，在包装上就必须要具有特性，要有与市场调研结果相符的创意，具有鲜明的个性，能吸引消费者注意，使产品具有被购买的可能。

（二）策划分析

食品包装的策划分析是对整个包装的视觉效果进行的一个综合分析。消费者对新产品的购买兴趣通常来源于产品的包装，包括包装的造型、结构等。

包装造型的设计是通过艺术手段，使选用的包装材料具有实用功能、符合美学原则的设计。包装结构的设计是根据被包装食品的特征、环境因素和用户需求等，选择适宜的材料，采用适宜的技术方法，科学地设计出结构合理、性能可靠的容器的过程。包装食品的容器主要有瓶、罐、盒、管、盘、杯、筒、篓等，作为食品包装设计重要组成部分的包装容器造型设计需要符合科学、美观、经济、适销的要求。另外，进行包装结构设计必须熟悉包装材料性能，根据包装力学原理和专业技术要求来设计，以保证包装具有足够强度来抵抗各种外界因素（挤压碰撞、光、电、水、气、微生物、昆虫等）的侵扰，使内部产品在流通、贮藏及销售过程中保持完好。包装结构设计同样要求科学、经济、美观、适销，以结构设计为主的外包装也不应忽视美观问题。

（三）内容设计

食品包装的核心是食品本身，但还会涉及包装的整体设计、包装标识等内容。因此，包装内容的设计思路要围绕以下几点展开。

（1）在包装设计中，色彩、文字、图案是视觉效果的三大要素　这些要素关系着消费者购买与否，设计时需将三者综合考虑。①色彩是视觉传达力最活跃的因素，色彩的识别性、象征性、传达力都能影响到商品包装的最终效果，因此，色彩的应用既要可以美化商品，又要科学准确；②文字是向消费者传达商品信息最主要的途径，包括商品名称文字、广告宣传性文字、功能性说明文字、资料文字等，可以在文字的结构上进行加工或修饰，以加强文字的内在含义和审美表现力；③图形图案在包装面中具有十分重要的地位，出色的图案往往会吸引人们的视线，成为传达商品信息、刺激消费的重要媒介，因此，图案设计应典型、鲜明、集中和构思独特。

（2）标签标识也需在包装上得到良好的体现　食品标签是食品包装上的所有文字、图形、符号等说明物的总称，是食品包装的组成部分，是向消费者传递产品信息的载体。做好预包装食品标签管理，既是维护消费者权益，保障行业健康发展的有效手段，也是实现食品安全科学管理的需求。为此，我国特地制定了食品包装标签通用的 GB 7718—2011《食品安全国家标准　预包装食品标签通则》。该标准规定了预包装食品标签的基本要求、需直接向消费者提供的预包装食品标签标识内容、非直接提供给消费者的预包装食品标签标识内容等。

食品标签标识的基本要求：①应符合法律法规的规定，并符合相应食品安全标准的规定；②应清晰、醒目、持久，应使消费者购买时易于辨认和识读；③应通俗易懂、有科学依据，不得标识封建迷信、色情、贬低其他食品或违背营养科学常识的内容；④应真实、准确，不得用虚假、夸大、使消费者误解或具有欺骗性的文字、图形等方式介绍食品，也不得利用字号大小或色差误导消费者；⑤不应直接或以暗示性的语言、图形、符号，误导消费者将购买的食品或食品的某一性质与另一产品混淆；⑥不应标注或者暗示具有预防、治疗疾病作用的内容，非保健食品不得明示或者暗示具有保健作用；⑦不应与食品或者其包装物（容器）分离；⑧应使用规范的汉字（商标除外）。具有装饰作用的各种艺术字，应书写正确，易于辨认；⑨预包装食品包装物或包装容器最大表面面积大于 $35cm^2$ 时，强制标示内容的文字、符号、数字的高度不得小于 1.8mm；⑩一个销售单元的包装中含有不同品种、多个独立包装可单独销售的食品，每件独立包装的食品标签应当分别标注；⑪若外包装易于开启识别或透过外包装物能清晰地识别内包装物（容器）上的所有强制标示内容或部分强制标示内容，可不在外包装物上重复标示相应的内容；否则应在外包装物上按要求标示所有强制标示内容。

二、包装装潢与系统设计

（一）包装装潢设计

包装装潢设计是指由图形、文字、编排、色彩及商标等元素组成的总体设计。这不仅是新产品转换为商品的必要环节，也是包裹产品和提升商品价值的装饰艺术，可以起到保护商品、美化商品和宣传商品的功效。就其本质而言，包装装潢是把商品的信息通过特定的方式表现出来，传递给消费者，进而达到促进商品销售的目的。包装装潢设计的表现形式主要是在了解商品、市场竞争和消费者期望的基础上，发挥创造力和直觉想象力，运用联想、想象、抽象等方法，将已有的内容和素材进行组织加工。包装装潢设计的形象要素通常由以下几个元素组成：造型、结构、文字、图形、色彩、材料等要素；在销售环节上主要由主体产品、市场竞争、经济发展、消费心理等要素组成。

设计的灵魂是"构思"，这就要求设计者对所设计的产品全部理解、根据自己以往的经验、知识、技巧经过思维结合进行设计，是设计者的知识、实践和灵感的总和。在设计时，主要利用以下设计策略。

1. 色彩搭配

消费者在挑选商品时，首先映入眼帘的是商品的色彩。因此，商品包装的颜色会直接影响消费者的视觉感受。包装色彩搭配的协调性强调，色彩的设计既要与商品的特性及使用场合相互协调，又要与消费者的心理习惯相符。新食品配以合适包装，与原材料本身的颜色相符合，可以给人纯正天然的感觉。例如，某品牌的牛乳包装设计将复古回味作为核心理念，"红色+蓝色"的色彩搭配怀旧感十足（图5-3）。

图 5-3　怀旧型牛乳包装设计

2. 符合商品性能

根据新产品的形态和性能设计商品包装，是必须遵守的设计原则之一。产品的包装不仅要封闭、安全，还应在包装上做出明显的标记。总之，包装设计应符合商品性能，强调包装的科学性、实用性和安全性，给商品提供可靠的保护，给消费者安全感。

3. 方便挑选

新产品的包装装潢必须站在消费者的角度考虑，便于消费者观察、挑选、购买和携带。因此，新产品的包装常采用"开窗式""透明式""半透明式"，这样的包装会给消费者直观、鲜明、真实的心理体验，尤其是对于新型食品类商品。此外，将若干相关联的商品组合在一起进行包装，也可以方便消费者挑选和购买商品。

4. 商品系列化

系列化设计，是指企业对其生产的一系列相似的产品，采用相同的包装形态、图案、色彩等，给消费者一个统一的印象。这种设计可以强化消费者对产品系列的认识，促进对其系列产品的连带购买。例如，方便面的包装在整体框架不变的前提下通过改变图案和色彩，区分不同风味，使消费者能迅速辨别出该系列的产品。系列化的包装设计可以使商品拥有统一的视觉识别形象，也有利于消费者通过产品形象加深对企业形象的认识。

5. 具有针对性

消费者因年龄、收入水平、生活方式、消费习惯及购买目的不同，对商品包装也有不同的要求。因此，包装设计应强调对特定消费人群的针对性。例如，针对青少年群体，在全新设计的包装中加入充满青春活力的运动少年形象，以"少年"为名，结合"运动"元素，传递新时代健康生活理念。此外，某可乐品牌全球创意平台"乐创无界"于 2022 年 5 月 25 日在中国市场推出了其第二款限定产品——以"元宇宙"概念为灵感的"律动方块"，利用像素方块的形状来绘制其经典标志，呈现复古怀旧的电子游戏风格，渲染"元宇宙世界"的奇幻美妙（图5-4）。为了打造更加丰富的沉浸式体验，该品牌同步推出了 AR 游戏（增强现实游

图 5-4　电子游戏风格型
可乐包装

戏），消费者通过"律动方块"罐身扫码，即可开启元宇宙 AR 游戏体验。

（二）系统设计

系统设计是根据系统分析的结果，运用系统科学的思想和方法，设计出能最大限度满足要求目标（或目的）的新系统的过程。一款好的食品产品包装设计一定是系统性的，包装系统设计由要素或子系统构成，要素之间相互关联和相互作用。包装的系统性设计主要考虑以下三大基本原则。

1. 形象鲜明

形象鲜明是指新产品的包装设计要别致、独特、与众不同、具有个性，能引起消费者的注意。消费者在购买新产品时，往往不知如何抉择，这时，形象鲜明的包装会给消费者留下较深的第一印象，引起消费者的关注，激发消费者的购买。因此，包装装潢设计要防止雷同，要有个性，以自身特有的形象，与同类商品区分开来，脱颖而出。例如，某茶饮品牌的"酷黑"包装（图 5-5），给人以"怪"美"怪"潮的感觉，吸引了许多消费者购买商品。在对新产品的包装进行设计时，要先对市场上的商品进行考察，针对商品的环境提出自己最理想的、形象鲜明的包装设计方案。随着 3D 打印技术在食品行业的应用逐渐成熟，各种特殊形状的包装可以能被"打印"出来，而且可以根据物料的特性选择不同的材料进行设计包装。

图 5-5　茶饮"酷黑"包装

2. 以人为本

促成消费者产生购买行为的因素有很多，包括性价比、品牌、色彩、文字或图案等。但这些因素上升到本质的高度，都体现了以人为本。不同阶层、年龄、职业、收入的人在购物时的选择是不同的，例如，小朋友喜欢色彩鲜艳、形象可爱的商品，年轻人偏爱简单时尚的商品，而老年人则中意稳重、大方、经济的商品。这说明一般情况下消费者在购买行动中往往会认同自己心理上的各种需要。因此，当我们开始设计新产品的包装时，应先花足够的时间和精力去了解所搜集到的各种信息资料，了解分析潜在消费对象的心理状态，制定详尽可靠的设计策略。当然，最终的目的是要使摆在货架上的商品是消费者喜欢的商品，这样才真正地体现了以人为本的设计原则和精神。

3. 信息清晰

包装传递给人们的信息应是真实、可信的，是诚而不欺的。"诚"与"实"应该贯穿包装的全部。它所传递的所有信息，所追求的风格格调，所反映的个性性格，乃至它可能具有的幽默感，只有准确清晰，才能在市场上获取消费者的"以诚相待"。这一点无一例外地体现在那些获奖的产品上。如果传达的信息不实，消费者只会望而却步，敬而远之。因此，商品的包装必须准确清晰地告诉消费者产品、品牌、价格、数量来源、食物成分和食用方法等信息，消费者会在了解这些信息的基础上，按照自己的需求去选择所需的商品。

总之，在着手包装设计时，必须把握形象鲜明、以人为本、信息清晰这三条基本原则，在商品与消费者之间架起一座人性化的桥梁。

第三节　食品包装的发展趋势

食品工业的飞速发展激活了食品包装市场。未来食品包装发展趋于更小型、更灵活机动，向着多功能化、柔性化的方向发展。这种发展趋势对节约生产时间和降低成本十分有利，因此食品包装界所追求的是组合化、简单化、可移动的食品包装。例如，采用纸、铝箔、塑料薄膜等包装材料制作的复合柔性包装袋，出现高级化和多功能化的趋势。此外，健康、绿色以及环保成为食品包装业一个永恒的主题，以科技为底层推动力的智能化、时尚化、可持续化的新元素也在不断冲击着食品包装行业。

一、食品包装材料

食品包装材料会与食品直接接触，包装材料的选择直接影响人们的身体健康。玻璃、金属、塑料、纸和纸板等传统食品包装材料，已无法满足现阶段的环保要求。同时，我国广泛使用塑料食品包装中的增塑剂大多为环境内分泌干扰物，会影响人体内分泌系统的正常功能，对相应的器官和后代产生负面影响。因此，研制绿色、安全、环保的食品包装材料是食品包装发展的一大趋势。

（一）绿色包装材料

绿色包装材料是指废弃后的包装材料可回收、可循环，不会对生态环境造成污染和损害，对于不易回收的包装材料应当可降解。在满足包装功能的要求下，以减少对自然资源的消耗，减少包装废弃物的产生为准则。近年来，许多食品出现绿色包装，如由94%可回收纸板制成的酒瓶，可用于盛放朗姆酒、伏特加等烈酒；采用简约白色底包装"减墨装"酸乳产品，以三步实现环保，即省油墨、减塑料、可回收。目前使用最多的绿色包装材料是纸质包装材料、可降解包装材料、可食性包装材料和其他新型材料。绿色食品包装材料的使用，在一定程度上减少了塑料包装材料的用量，缓解了包装废弃物对生态环境的污染。然而目前的可食性包装质材较软，难以满足市场需求，工艺有待完善，成本相对较高，需被进一步改进。总之，绿色包装材料的研究，对环境保护和国民经济的发展有重大意义，具有十分广阔的前景。

（二）纳米包装材料

随着我国纳米材料加工技术的开发研究，纳米材料因其优良的特性，被越来越多地用于食品包装领域。纳米包装材料是指运用纳米技术，将粒径大小为 $1\sim100nm$ 的分散相纳米粒子与传统包装材料通过纳米合成、添加、改性等方式加工成为具有某一特性或功能的新型食品包装材料。目前应用较广的纳米材料是在聚烯烃薄膜中加入纳米高性能无机抗菌剂和增效剂，其抗菌机制是金属离子作用和光催化作用，使菌体变性或沉淀。具有防腐功能的纳米包装材料是通过添加纳米二氧化钛（TiO_2）制成的塑料薄膜来包装食品，该材料不仅可以防止紫外线对食品的破坏，还可以防腐保鲜。对于果蔬包装，可以使用纳米氧化锌作为包装材料，该材料具有防止果蔬表面氧化、抵抗空气中细菌的侵染、吸收乙烯控制成熟度等作用。纳米包装材料在食品领域的应用和开发，对食品工业的发展具有一定的促进作用。虽然纳米包装材料在食品领域已经取得了一定的成果，但是还缺少对纳米包装材料的安全性全面和系统的评价，因此在纳米粒子的迁移和安全性评价等领域还需要继续探索。

二、包装技术

现阶段，人们对食品质量和安全越来越重视，随着食品生产、销售、贮存方式的变化和科学技术的进步，包装技术也出现了进步和改变。在传统包装技术进行技术革新的同时，也出现了一些新的包装技术。

（一）抗菌包装技术

抗菌包装是指使用具有杀菌作用的包装材料来抑制贮藏过程中食品微生物的生长繁殖，从而延长食品的保质期。抗菌包装对确保食品安全性具有突出的作用。未来抗菌包装的研究主要集中于获得能与聚合物和抗菌剂相容的涂膜材料、物理处理使材料表面功能化以及新的与包埋相偶连的印刷技术。在聚合物材料成型后再将抗菌剂进行涂膜，可以避免高温等加工过程对抗菌剂的破坏。

（二）智能包装技术

智能包装是指监测并调控包装内部食品周围环境变化的包装技术，它可以提供食品在存储和运输过程中的相关质量信息。智能包装根据功能可以分为时间温度指示卡、新鲜度指示卡、泄露指示卡、病原体指示卡、生物传感器等。安装在包装外部的指示卡属于外用指示卡，安装在包装内部的指示卡属于内用指示卡。通过智能包装可以获取新鲜度、微生物污染、温度变化、包装完整性等产品信息。

（三）活性包装技术

活性包装又被称为 AP 包装，它通过改变食品的存储环境以达到延长保质期、保持食品的口感和特性的目的。主要方法是在包装袋内加入各种吸收剂和释放剂，用于消除过多的氧气、水蒸气、乙烯等，同时适时地补充二氧化碳用来维持包装袋内食品新鲜，保持适宜的气体环境。

（四）柔性包装技术

在各种环保型包材中，柔性包装成了发展最快的类型。这种包装结合了塑料、薄膜、纸张和铝箔等材质之长，以轻质便携、良好的外力耐受性、可持续等特点，成为备受消费者和品牌商青睐的包装形式。典型的柔性包装由密封层、机械层、阻隔层、黏合剂层和视觉层构成（图5-6），最多可达 11 层。精巧设计的多层结构赋予了柔性包装卓越的性能。它的优点主要包括：轻质便携而耐受外界应力；可整体加热从而减少炊具和容器用量；可重复密封；与气调、真空和高压等工艺结合，可以有效减少防腐剂的使用。柔性包装袋与复合型纸盒相比，无论是燃料消耗、温室气体排放、水的消耗量，还是产品与包装比率、垃圾填埋量，柔性包装都明显占优。与聚对苯二甲酸乙二醇酯（PET）瓶、铝罐和玻璃瓶这些刚性包装相比，制造同样数量的柔性包装所消耗的煤减少 87%，天然气减少 74%，原油减少 64%。肉禽海鲜、烘焙、零食、果蔬、糖果和宠物食品是应用柔性包装较多的品类，占总量的 65%。

三、食品包装机械

食品包装机械行业从 20 世纪 80 年代开始至今逐步发展并完善，商品流通的范围进一步扩大，包装机械产业的应用范围越来越广泛，作用也越来越大。然而，我国包装机械行业起步晚、

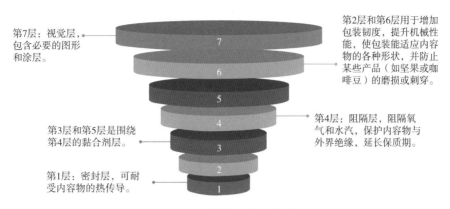

第7层：视觉层，包含必要的图形和涂层。

第2层和第6层用于增加包装韧度，提升机械性能，使包装能适应内容物的各种形状，并防止某些产品（如坚果或咖啡豆）的磨损或刺穿。

第4层：阻隔层，阻隔氧气和水汽，保护内容物与外界绝缘，延长保质期。

第3层和第5层是围绕第4层的黏合剂层。

第1层：密封层，可耐受内容物的热传导。

图5-6　典型柔性包装结构解析

发展迅猛的模式，造成了我国包装机械发展基础薄弱，产品档次不高，以及质量、安全、技术、效率等方面不到位的局面。与发达国家相比，我国食品包装机械和技术还处于弱势。我国的食品包装机械多以单机为主，科技含量和自动化程度低，在新技术、新工艺、新材料方面的应用少，满足不了我国当前食品企业发展的要求。由于中国市场庞大，包装机械在市场的需求也相应增加，目前，我国的小型全自动包装机械，半自动包装机械已有一定规模和优势，但对于市场上需求量大的一些成套包装生产线仍需继续加工完善。因此，在未来应当集中行业优势力量，走"产、学、研"结合的道路，对于市场需求大、技术难度大的包装机械设备有组织、有针对性地进行消化吸收，持续进行科研攻关，开发出拥有知识产权的包装机械，打破技术垄断，加速提升我国包装的技术水平与创新能力。

　　在新技术、新工艺、新理念的推动下，食品包装行业正呈现出蓬勃发展的势头，但是仍然存在一些隐患，如食品包装行业安全意识薄弱、管理水平有待提高等，这严重阻碍了食品包装行业前进的步伐，因此，全行业还需加强对食品包装的重视程度，共同促进食品包装行业健康、有序地发展。

 拓展阅读

牛乳屋顶装的发展历程

思考题

1. 按照包装方法分类，食品包装可分为哪些形式？每种包装形式的特点和用途是什么？

2. 包装设计的主要内容有哪些？它们的目的分别是什么？

3. 怎样解决现代包装和资源环境之间的问题？

第六章　CHAPTER 6

食品新产品流通过程管理

[学习目标]

1. 了解食品质量管理中食品生产许可制度、良好操作规范及卫生标准操作程序、危害分析与关键控制点及安全管理体系标准、食品质量检验的相关内容。

2. 熟悉食品生产、贮藏、运输和销售环节质量管理的要求与措施。

3. 掌握食品上市销售的思路及落地管理的标准，掌握食品销售环境、贮存、货架、人员的控制管理以及突发事件的应急管理。

食品新产品流通过程管理包括生产、贮运和销售质量管理，对于保障销售食品的安全以及食品企业的长足发展具有重要意义，食品新产品的开发同样应遵循这一系列的管理标准。按照国家法律法规制定相应的食品生产销售管理制度可有效减少食源性疾病的发生，保护公众健康，保障销售食品的安全。可帮助构建食品企业的管理体系，增加消费者对食品安全管理的信心，从而促进企业发展。本章主要介绍食品生产、贮运和销售质量管理要求和措施，以及食品质量管理相关标准。

第一节　食品质量管理

质量管理是指对质量进行管理而采取的一系列活动的总称，包括为实现确定的质量方针、目标和职责而在质量体系上通过质量策划、质量控制、质量保证和质量改进的全部管理职能的活动。食品质量管理是质量管理的理论、技术和方法在食品加工和贮藏工程中的应用，食品质量安全不仅是企业赖以生存和发展的保证，更是整个民族的社会责任和诚信道德的体现。

本节主要从食品生产许可制度、食品良好操作规范及食品卫生标准操作程序、危害分析与关键控制点体系与 ISO 9000 质量保证标准体系、食品质量检验四个方面来对食品质量管理进行相关介绍。

一、食品生产许可制度

《中华人民共和国食品安全法（2021年修订本）》第35条规定："国家对食品生产经营实行许可制度。从事食品生产、食品销售、餐饮服务，应当依法取得许可。"同时规定了"县级以上地方人民政府食品安全监督管理部门应当依照《中华人民共和国行政许可法》的规定，审核申请人提交的本法第三十三条第一款第一项至第四项规定要求的相关资料，必要时对申请人的生产经营场所进行现场核查；对符合规定条件的，准予许可；对不符合规定条件的，不予许可并书面说明理由。"我国食品生产经营许可制度包括食品生产许可、食品流通许可、餐饮服务许可，此处主要介绍食品生产许可。

食品生产许可是从事食品生产加工活动的主体向相应行政机关提出申请，在符合法定条件和履行法定程序后，主管机关准予其从事特定的食品生产活动的行政行为，由此系统形成的《食品生产许可管理办法（国家市场监督管理总局令第24号）》是国家负责食品质量监督工作的部门制定并实施的一项监控制度，该制度有如下规定："在中华人民共和国境内，从事食品生产活动，应当依法取得食品生产许可。食品生产许可的申请、受理、审查、决定及其监督检查，适用本办法。"该管理办法的实施在一定程度上规范了食品、食品添加剂生产许可活动，加强了食品生产监督管理，保障了食品安全。其中食品生产许可管理办法的相关规定主要包括以下六个方面。

（1）食品生产许可证管理由市场监督管理部门负责：国家市场监督管理总局负责监督指导全国食品生产许可管理工作；县级以上地方市场监督管理部门负责本行政区域内的食品生产许可监督管理工作。

（2）申请食品生产许可，应当符合：①具有与生产的食品品种、数量相适应的食品原料处理和食品加工、包装、贮藏等场所，并保持该场所环境整洁，与有毒、有害场所以及其他污染源保持规定的距离；②具有与生产的食品类及产量相适应的生产设备或设施，有相应的消毒、更衣、盥洗、采光、照明、通风、防腐、防尘、防蝇、防鼠、防虫、洗涤以及处理废水、存放垃圾和废弃物的设备或设施；保健食品生产工艺有原料提取、纯化等前处理工序的，需要具备与生产的品种、数量相适应的原料前处理设备或设施；③具有专职或兼职的食品安全专业技术人员、食品安全管理人员和保证食品安全的规章制度；④具有合理的设备布局和工艺流程，防止待加工食品与直接入口食品、原料与成品交叉污染，避免食品接触有毒物、不洁物；⑤法律法规规定的其他条件，如申请食品添加剂生产许可，应当具备与所生产食品添加剂品种相适应的场所、生产设备或设施、食品安全管理人员、专业技术人员和管理制度。

（3）申请食品生产许可，应当向申请人所在地县级以上地方市场监督管理部门提交下列材料：①食品生产许可申请书；②食品生产设备布局图和食品生产工艺流程图；③食品生产主要设备、设施清单；④专职或者兼职的食品安全专业技术人员、食品安全管理人员信息和食品安全管理制度；⑤申请保健食品、特殊医学用途配方食品、婴幼儿配方食品等特殊食品的生产许可，还应当提交与所生产食品相适应的生产质量管理体系文件以及相关注册和备案文件；⑥申请食品添加剂生产许可，应当向申请人所在地县级以上地方市场监督管理部门提交下列材料：a. 食品添加剂生产许可申请书；b. 食品添加剂生产设备布局图和生产工艺流程图；c. 食品添加剂生产主要设备、设施清单；d. 专职或兼职的食品安全专业技术人员、食品安全管理人员信息和食品安全管理制度。

（4）食品生产许可的流程包括：①前提条件，在申请食品生产许可时，应当先行取得营业执照等合法主体资格；②提交相关材料，申请人向县级以上质量监督管理部门提出申请并提交真实、合法、有效的材料，并在食品生产许可申请书等材料上签字确认；③审查受理，许可机关收到申请后，依照《中华人民共和国行政许可法》中有关规定进行处理；④现场核查，申请受理后，依照有关规定组织对申请的资料和生产场所进行核查；⑤向申请人发出许可结果。

（5）食品生产许可证发证日期为许可决定作出的日期，有效期为 5 年。

（6）食品生产者应当妥善保管食品生产许可证，不得伪造、涂改、倒卖、出租、出借、转让，进行变更、延续、注销等操作时应向原发证的市场监督管理部门提出申请、提交材料，依据相关规定依法办理。

二、食品良好操作规范和食品卫生标准操作程序

（一）食品良好操作规范

良好操作规范（Good Manufacturing Practice，GMP）是一种为解决产品生产过程中的安全问题而制定的自主性管理制度，其特点在于注重产品质量以及安全卫生。在食品生产过程中，为确保产品质量以及解决安全卫生问题，采取了一系列技术要求、措施及方法，即良好操作规范在食品中的应用——食品 GMP，它贯穿于食品生产、加工、包装、运输、储存、销售等各个过程。食品 GMP 的重点是制定操作规范和双重检验制度，以确保食品在生产过程中的安全性。政府以法规的形式制定了一个通用的食品 GMP，所有企业在进行食品生产时都应自主地采用，并根据企业的实际情况，进一步细化、具体化，以增强其可操作性和可考核性。

食品 GMP 所包含的以下内容是食品加工企业在进行生产时所需保证的基本条件。

1. 食品原材料、添加剂及相关产品采购、运输和贮藏的 GMP

食品生产过程中，应建立食品原料、食品添加剂和食品相关产品的采购、验收、运输和贮存管理制度，确保所使用的食品原料、食品添加剂和食品相关产品符合国家有关要求，并注意相关工具需保持整洁、无毒害及具备一定防护措施。

2. 食品工厂设计和设施的 GMP

在进行工厂设计及设施排布时，需注意厂址选择、工厂建筑设施的布置，选择合适的厂址，以及根据工艺要求安排布置厂区建筑物、卫生设施、加工设施、管道等。

3. 食品生产过程的管理要求

食品生产过程即食品从原料到成品经历的过程，对食品生产过程的管理要求主要包括：验收生产原料；管控生产工艺流程及配方；生产用具及生产人员的管理，包括但不限于卫生管理。此外，还需注意生产过程中的污染风险控制。

4. 食品工厂的管理制度与人员

《中华人民共和国食品安全法》规定："食品生产经营企业应当建立健全本单位的食品安全管理制度，加强对职工食品安全知识的培训，配备专职或兼职食品安全管理人员，加强对所生产食品的检验工作，依法从事生产经营活动。"为确保安全生产，应注意建立健全卫生管理机构以及卫生管理制度，宣导落实；对生产设施、有害物、废弃物也应同样制定卫生管理制度，确保安全生产、卫生生产。

5. 食品检验机构的职责

食品工厂应自行或委托相应机构对原料及产品进行检验，选择自行检验的食品工厂应具备相应的检验室及检验能力，由具有相应资质的检验人员负责食品的卫生及质量检验，并对出厂产品的质量承担预防性控制及监督的职责，保证产品品质。此外，检验室应有完善的管理制度，妥善保存各项检验的原始记录和检验报告，对于检测的样品，也应建立相应的留样制度。

6. 食品检验的内容和实施

技术标准是食品检验的依据，技术标准主要包括：国际标准、国家标准、地方标准、行业标准等；检验内容包括：原料检验、过程检验及成品检验；检验项目包括：外观检验、感官评价、微生物检验、理化检验、标签和包装检验等。

7. 产品召回管理

根据国家相关规定建立产品召回制度，对于不合格的食品，应立即停止生产，若已经上市销售，应进行召回，并通知相关人员（生产经营者、消费者）及时做好相关记录。对于召回的食品，制定相关处理措施，防止其再次流入市场。另外应合理划分记录生产批次，采用产品批号等方式进行标识，便于产品追溯。

8. 培训

应建立食品生产相关岗位的培训制度，对于相关人员进行食品安全知识、相关法律法规标准、操作技能方面的培训，并做好培训记录，另外应对培训效果进行一定的检查，评估培训效果，以确保培养计划有效实施。

9. 文件和记录的管理

应建立记录制度，如实、完整地记录食品生产过程中采购、加工、贮藏、检验、销售、召回等环节，并建立相应的文件管理制度，确保相关文件的有效性，及时对时效性文件进行更新、发布。

（二）食品卫生标准操作程序

卫生标准操作程序（Sanitation Standard Operating Procedure，SSOP）是食品生产加工企业为了保证达到 GMP 所规定的要求，消除加工过程中不良因素，确保生产加工的食品符合卫生要求而制定的，用于指导食品生产加工中的清洗、消毒及卫生保持。

SSOP 文本格式并不统一，其主要内容包括以下八个方面，加工者主要根据这八个方面实施卫生管理。

1. 用于接触食品或食品接触面的水或用于制冰的水的安全

生产用水水源需满足 GB 5749—2022《食品安全国家标准　生活饮用水卫生标准》，并对水源、管道、冰、废水的处理及排放进行监控，对监控发现的问题进行处理、纠正，并对监控、纠正记录进行登记。

2. 与食品接触的表面的卫生状况和清洁程度

食品接触面，指直接或间接接触食品的表面，即直接与食品接触的表面，或因液体流出等原因间接接触食品的表面（包括所有设备、工器具，手套和工作服等）。接触面材料总体要求无毒无害，保持清洁并定期消毒。制定包含视觉检查及化学检查在内的监控计划，对监控发现的问题进行处理、纠正，并对监控、纠正记录进行登记。

3. 防止交叉污染

交叉污染主要指生的食品、食品加工者、加工环境使食品被生物或化学污染物污染。防止交叉污染的措施主要包括：厂址的选择及厂区建筑的布置应合理，生产环境应尽量远离污染及可能被污染的区域，锅炉房及厕所等的布置应合理；注意生产加工人员的卫生，手部、衣帽的卫生可由专人监督管理，使员工养成较好的卫生习惯；生熟食品严格分区贮藏，避免交叉污染。

4. 设施的清洁与维护

该项内容与第三条防止交叉污染中生产加工人员的个人卫生息息相关，主要包括洗手、消毒和厕所等设施的清洁与维护。

5. 防止食品被外部污染物污染

外部污染物主要指食品生产加工过程中，可能污染食品、包装材料、食品接触面的生物、化学、物理物质，包括消毒剂、润滑油、清洁剂等。防范措施主要包括：对包装材料及冷凝水进行管控，保持清洁以及无毒害；对贮藏库进行分区管理，做好防鼠措施；对化学品妥善使用及存放。

6. 有毒化学物质的正确标记贮藏和使用

在食品加工企业中，消毒剂、灭鼠剂、清洁剂等多数化学物是维持正常生产不可缺少的，使用时必须小心谨慎，正确标记，安全贮藏，严格按照说明使用。

7. 雇员的健康与卫生控制

根据食品卫生管理法规定，凡从事食品生产的相关人员，必须体检合格，持有健康证后方可上岗。对员工的健康要求一般包括以下几点：不得患有妨碍食品卫生的传染病；不得有外伤；不得化妆、佩戴首饰及携带与生产无关的个人物品；进入车间需更换清洁的工作服、帽、口罩、鞋等，并及时洗手消毒，养成良好的个人卫生习惯。

8. 虫鼠害的控制

虫害（主要由苍蝇、蟑螂等引起）与鼠害对食品安全生产存在严重威胁，这些生物随身携带大量致病菌及寄生虫，大多数食源性疾病是由这些致病菌及寄生虫导致的，因而虫鼠害的防治是食品加工企业的重要工作内容。防护措施主要包括以下几点：消除任何虫、鼠类的孳生地；防止虫鼠害进入食品加工厂区；将虫害驱逐出食品加工厂区；将进入厂区的虫鼠害彻底消灭。

（三）GMP 与 SSOP 的区别与联系

对比 GMP 及 SSOP，从内容上来看，GMP 的规定是原则性的，它涵盖了工厂的硬件及软件设施要求，是相关企业必须达到的基本条件；SSOP 的相关规定则是具体的，它涵盖了卫生操作及管理的具体措施。

政府食品主管部门以法规形式强制性要求食品生产企业达到所指定的 GMP 要求，否则食品不得上市销售。SSOP 正是食品生产加工企业为了保证达到 GMP 所规定的要求而制定的。GMP 为 SSOP 明确了总的规范和要求，食品企业必须首先遵守 GMP 的规定，然后建立并有效地实施 SSOP，使企业达到 GMP 的要求，生产安全卫生的食品是制定和执行 SSOP 的最终目的。

三、危害分析与关键控制点体系及 ISO 9000 质量保证标准体系

（一）危害分析与关键控制点体系（HACCP）

危害分析与关键控制点体系（Hazard Analysis Critical Control Point，HACCP）是一种针对食品加工过程的安全控制方案，是一种预防性体系，该体系通过提前识别对食品安全有威胁的特

定危害物，分析可能产生危害的过程，并对其采取预防性的控制措施，从而有效防止或消除食品安全危害，继而保证食品生产加工各个环节免受生物、化学和物理性危害污染，或使其减少到可接受的程度。

HACCP体系由危害分析（Hazard Analysis，HA）和关键控制点（Critical Control Point，CCP）两部分组成，该体系强调的是企业自身对产品品质管控起到的作用。HACCP注重的是食品安全生产的预防性。

1. HACCP 的原理

HACCP由以下七个基本原理组成。

（1）进行危害分析　进行危害分析及建立预防控制措施是HACCP原理的基础，进行危害分析更是制定HACCP计划的第一步。在进行危害分析时，首先应拟定生产工艺流程图，确定食品生产各个环节（从原料到生产加工再到销售）存在的潜在危害及其程度。这里的"危害"是一种使食品在食用时可能变得不安全的生物、化学或物理方面特征的因素。

在进行危害分析时，应尽量包括以下内容：①确定危害发生的可能性以及其对健康影响的严重性；②危害存在的定量和（或）定性评价；③相关微生物的存活或繁殖情况；④食品中毒素、化学或物理因素的产生及其持久性；⑤导致上述因素的条件。

此外，HACCP小组必须对每个危害提出可应用的控制措施。

（2）确定关键控制点　关键控制点是指能实施控制，从而对食品安全的危害加以预防、消除或把其降低到可接受水平的加工点、步骤或工序。在确定关键控制点时，需注意能够预防危害的点都可以被认为是关键控制点。但关键控制点是具有变化性的，引入危害的点不一定就是关键控制点，因为一种危害可能同时由几个关键控制点进行控制，而一些关键控制点能够管控若干个危害。

（3）建立关键限值（CL）　对每个关键控制点，必须确定关键限值，即制定为保证各关键控制点处于控制之下而必须达到的安全目标水平和极限。通常采用的指标包括温度、时间、物理尺寸、湿度、水分活度、pH、细菌总数等。

（4）建立监控体系　通过有计划地测试或观察，保证关键控制点处于被控制状态，其中测试或观察要有记录，以备将来用于鉴定和核实之用。监控程序尽可能采用连续的理化方法，若不能连续，则要求有足够的频率次数。

（5）确立纠偏措施（Corrective Actions）　当监控过程发现某一特定关键控制点超出控制范围时应采取纠偏措施，大多数纠偏措施是提前确定的，对已产生偏差的食品进行适当处置，以纠正产生的偏差，确保关键控制点再次处于控制之下，同时要做好纠偏过程的记录。

（6）建立验证程序（Verification Procedures）　验证程序用于确定HACCP体系是否正常运转或计划是否需要修改，以及再次确认生效的方法、程序、验证手段。

（7）记录保持程序（Record-keeping Procedures）　企业在实行HACCP体系时，须有大量的技术文件和日常的监测记录，并且做到全面、详尽。

2. HACCP 计划的建立与实施

在建立HACCP计划时，建议使用CAC逻辑程序，其主要步骤如图6-1所示。

在确定关键控制点时，CCP判定树（Decision tree）法是常用的方法，此外也有通过危害发生的可能性及严重性来确定关键控制点，使用CCP判定树法是通过图6-2所示判定树流程来实现的。

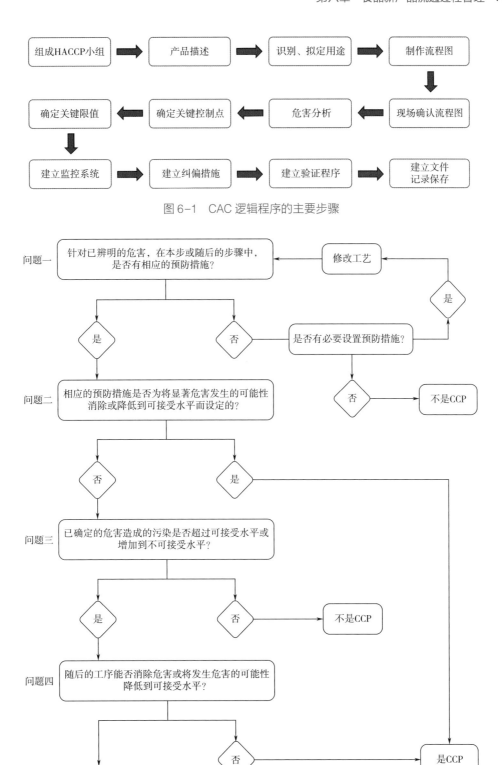

图 6-1　CAC 逻辑程序的主要步骤

图 6-2　CCP 判定树流程

在使用判定法时需注意，该方法并不是唯一的确定方法，它虽然是非常实用的工具，但并不是 HACCP 法规的必要因素，因判定树固有的局限性，它不能代替专业知识，更不能忽略相关法规的要求。因此，CCP 的确定必须结合专业知识以及相关的法律法规要求，否则就可能导致错误的结果。

3. HACCP 体系在超高温瞬时（UHT）灭菌乳中建立的范例

（1）组成 HACCP 小组　企业成立专门的 HACCP 小组，小组成员由各个部门的代表人员组成，他们负责 HACCP 计划的制定、修改、监督实施以及验证。另外，HACCP 小组还需对具体的操作人员进行相关培训，以确保 HACCP 计划正常实施。

（2）产品描述及其预期用途　在进行危害分析和确定关键控制点之前，HACCP 小组应从名称、主要配料、产品特性、预期用途及消费对象、食用方法、包装类型等方面对产品进行描述（表6-1）。

表 6-1　　　　　　　　　　　　　　UHT 灭菌乳产品描述

项目	描述
主要配料	生牛乳
产品特性	感官指标 　　色泽：呈均匀一致的乳白色 　　滋味和气味：具有乳特有的滋味和气味 　　组织状态：无凝块聚结、沉淀 理化指标 　　脂肪≥31g/L；蛋白质≥29g/L；非脂乳固体≥81g/L 其他指标 　　防腐剂不得检出；硝酸盐（以 $NaNO_3$ 计）≤11mg/kg；亚硝酸盐（以 $NaNO_2$ 计）≤0.2mg/kg；黄曲霉毒素 M_1≤0.5μg/kg；商业无菌
预期用途及消费对象	销售对象无特殊规定，但乳糖不耐受及牛乳过敏者不宜饮用
食用方法	开封即食
包装类型	无菌盒型包装
贮藏条件及保质期	常温 6 个月

（3）绘制和确认产品加工工艺流程及相关说明　UHT 灭菌乳的加工工艺流程及相关说明如图 6-3 所示。

（4）危害分析及关键控制点的确定　UHT 灭菌乳生产过程中主要加工步骤的危害分析如表 6-2 所示。

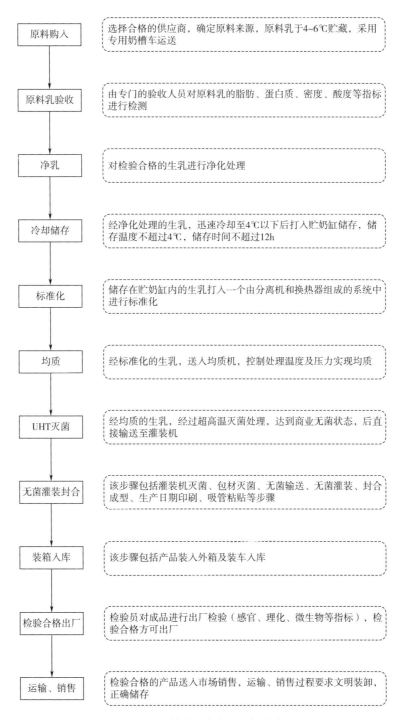

图6-3　灭菌乳工艺流程及相关说明

表 6-2　　　　　　　UHT 灭菌乳生产过程主要加工步骤的危害分析

加工步骤	是否为关键控制点	潜在危害	危害是否显著	判断依据	预防措施
原料乳验收	是	生物性：致病菌污染	是	挤奶或运输过程中原料乳可能因操作或储存不当被细菌污染	选择合格的供应商，验收原料检验合格证明
		化学性：蛋白质变性、抗生素残留等	是	运输或储存不当可能导致蛋白质变性；奶牛饲养不当可能导致牛乳中抗生素等物质残留	抽样检验抗生素、酸度、杂质度等指标，提供验收原料检验合格证明
		物理性：杂草、牛毛等	否	挤奶或运输过程中被污染	可后续通过过滤除去
净乳	否	生物性：致病菌污染	否	不适当的清洗使得设备或管道内细菌残留造成污染	建立 GMP、SSOP，通过既定的 CIP 清洗程序进行管控
		物理性：杂质	否	不适当的工艺操作导致杂质残留	离心、过滤除去
冷却储存	是	生物性：致病菌污染	是	不适当的储存造成牛乳中微生物增殖；不适当的清洗使得设备或管道内细菌残留	建立 GMP、SSOP，控制好储存时间以及温度，并通过既定的就地清洗（CIP）清洗程序进行管控
		化学性：清洗剂残留	是	不适当的清洗导致管道内清洗剂残留	建立 GMP、SSOP，通过既定的 CIP 清洗程序进行管控
		物理性：混入杂质	否	储存容器密封不完全导致杂质混入	定期检查密闭性、过滤
标准化	否	生物性：细菌污染	否	不适当的清洗使得设备、管道中细菌残留、增殖；标准化添加物带入的污染	建立 GMP、SSOP 以规范清洗及消毒程序，还可通过后续灭菌过程管控

续表

加工步骤	是否为关键控制点	潜在危害	危害是否显著	判断依据	预防措施
标准化	否	化学性：清洗剂残留	是	不适当的清洗导致清洗剂残留	建立 GMP、SSOP 规范清洗及消毒程序
		物理性：混入杂质	否	密封不完全等原因导致杂质混入	检查容器密闭性、过滤
均质	否	生物性：细菌污染	否	不适当的清洗使得设备、管道中细菌残留、增殖；标准化添加物带入的污染	建立 GMP、SSOP 以规范清洗及消毒程序，还可通过后续灭菌过程管控
		化学性：清洗剂残留	是	不适当的清洗导致清洗剂残留	建立 GMP、SSOP 规范清洗及消毒程序
		物理性：混入杂质	是	设备泄漏导致杂质混入	检查容器密闭性，定期维护
UHT 灭菌	是	生物性：细菌	是	不适当的清洗使得设备、管道中细菌残留；不适当的灭菌工艺使得牛乳中细菌残留	控制灭菌工艺条件及 CIP 清洗程序
		化学性：清洗剂	是	不适当的清洗导致清洗剂残留	建立 GMP、SSOP 规范清洗及消毒程序
无菌灌装封合	是	生物性：细菌	是	不适当的清洗及灭菌导致细菌残留；封合不严密导致细菌二次污染	控制清洗程序及灭菌工艺条件；检查产品的密封性
		化学性：清洗剂、双氧水残留	是	不适当的清洗及灭菌操作导致清洗剂、过氧化氢等残留	控制清洗程序及灭菌工艺条件
CIP 清洗	是	生物性：细菌	是	不适当的清洗使得设备、管道中细菌残留	通过既定 CIP 程序清洗、消毒控制碱液及酸液浓度、时间、温度，控制清水清洗时间、pH

通过危害分析，并经过一定评估，确定 UHT 灭菌乳生产过程中关键控制点可设置为：①原料乳验收；②冷却储存；③UHT 灭菌；④无菌灌装封合；⑤CIP 清洗。

（5）HACCP 计划表的制定   在确定关键控制点后，对每个关键控制点确立相应关键限值，关键限值应满足：①具有可操作性，符合实际；②满足相应国家标准要求。为监测各关键控制点情况，需建立相应的监控程序以确保其处于控制之中。对于偏离失控的程序，需采取纠偏行动使其重新受控。并形成系统的验证程序对 HACCP 体系的适宜性和有效性进行验证。最后建立一个有效的文件控制和记录保持程序，可参考的 HACCP 计划表如表 6-3 所示。

（二）ISO 9000 质量保证标准体系

质量管理体系是指为实现质量管理的方针目标，有效开展各项质量管理活动而建立的管理体系。它根据企业自身特点，加强各环节质量管理活动，再予以制度化、标准化，最终成为企业内部质量管理程序。ISO 9000 系列标准则是国际标准化组织（ISO）所指定的关于质量管理和质量保证的一系列国际标准，是在总结各个国家相关成功经验的基础上产生的，是国际上通用的质量管理体系。

在 ISO 9000 系列标准中，ISO 9001 对组织的设计开发到生产等全过程均提出了相应要求；ISO 9002 更适用于不进行设计和开发工作的组织；ISO 9003 主要适用于生产过程中只包括保证最终产品和服务符合规定要求的检验和测试的组织；ISO 9004 主要为提高质量管理体系的有效性和效率提供分针指南；ISO 19011 主要提供了审核质量和环境管理体系指南。

（三）HACCP 与 ISO 9000 的关系

国际食品法典委员会（CAC）认为，HACCP 可以认为是 ISO 9000 系列标准中的一部分。在 ISO 9000 强调的 20 个要素中，"过程控制"这个要素作为保证产品质量的一个重要程序，它的相关活动与 HACCP 中的相应程序是相似和对应的。是否推行 ISO 9000 质量保证标准体系是食品企业的自愿行为，并不强制，但 HACCP 在国际贸易中对于食品行业，已经进入了法规化阶段，被不少国家要求强制执行。

四、食品质量检验

"民以食为天，食以安为先"，食品的质量好坏直接关系到广大群众的身体健康及生命安全，关系到国家的安全及社会的稳定。食品质量检验正是通过感官、理化、微生物以及其他检验技术来对食品的感官、理化、微生物指标进行分析测定，并与相应标准要求对照，从而对产品做出合格或不合格的判断，在不合格的情况下，做出适用或不适用的判断。食品质量检验是食品质量管理中一个十分重要的组成部分，是保证和提高食品质量的重要手段，也是食品生产现场质量保证体系的重要内容。

（一）食品质量检验步骤

食品质量进行检验主要步骤如下。

（1）准备阶段   在检验开始前，应先明确相应检验要求，根据技术指标及相关标准，明确取样方式、检验项目、检验方法及判定依据。

（2）检测及记录   在检验操作过程中，按规定要求进行检测，并如实记录保存相关数据。

（3）比较和判定   将检测所得数据与相关标准进行比对，并对所检测样品是否符合质量要求作出判断。

表 6-3　　　　　　　　　　　　　UHT 灭菌乳 HACCP 计划表

关键控制点	关键限值	监控					纠偏措施	记录	验证
		对象	内容	方法	频率	人员			
原料乳验收	抗生素反应阴性; 重金属, 农药, 菌落残留, 硝酸盐, 亚硝酸盐, 菌落总数等符合国家相应标准	原料乳	对抗生素、重金属、农药残留、亚硝酸盐、硝酸盐残留、菌落总数等进行检验	理化、微生物试验	每批	专业检验人员	根据偏离情况处理: ①拒收; ②报废; ③另作他用	记录	定期抽样, 做理化、微生物检测
冷却储存	冷却时间, 储存时间, 储存温度	牛乳	时间, 温度	时间, 温度记录	每缸	相应操作人员	根据偏离情况处理: ①报废; ②另作他用	记录	定期抽样, 进行微生物检测
UHT 灭菌	灭菌温度, 灭菌时间	牛乳	温度, 流量	温度记录, 灭菌时间计算	连续	相应操作人员	重新灭菌	记录	设备, 产品验证
无菌灌装封合	双氧水浓度, 喷雾量, 喷雾时间, 喷射温度; 导电实验, 撕拉试验等	双氧水, 热空气, 包装产品	双氧水浓度, 液位差, 喷雾时间, 喷雾温度; 包材运输速度; 灭菌温度, 时间; 产品包装盒	理化试验; 温度, 时间, 速度记录	每次	相应操作人员	重新灭菌或报废	记录	抽样做理化、微生物检测
CIP 清洗	清水清洗时间, pH; 碱液浓度, 温度, 清洗时间;	管道, 灌装系统	清洗时间, pH, 浓度, 温度	时间, 温度, 浓度记录 pH 测定	每次	相应操作人员	重新清洗	记录	检测清洗液理化、微生物指标

（4）处理和报告　对检测的样品进行相应处理，合格的通过，不合格的样品进行管制，另作处置。最终将记录的相关数据及结果，报告给上级及相关部门，达到及时反馈及时改进的目的。

（二）食品质量检验方法分类

不同分类依据下，食品质量检验方法的分类如表6-4所示。

表6-4　　　　　　　　　　　　　质量检验方法的分类

分类依据	检验方法
检验数量	全数检验
	抽样检验
判别方法	计数检验
	计量检验
检验项目	感官检验
	理化检验
	微生物检验
	安全性检验
检验形式 （在抽样检验中）	一次抽验
	两次抽验
	多次抽验
	序贯抽验
	巡回检验
生产流程	进货检验
	工序检验
	成品检验
是否有破坏性	破坏性检验
	非破坏性检验
	序贯检验

（三）食品质量检验依据

食品安全标准：国家、地方和企业制定的食品安全标准是食品质量检验的重要依据，规定了检验方法的过程和操作，使用的仪器及化学试剂等。如 GB 2717—2018《食品安全国家标准　酱油》、GB 8538—2022《食品安全国家标准　饮用天然矿泉水检验方法》。

（四）食品质量检验组织

为了保证质量检验工作的顺利进行，食品企业首先要建立专职质量检验部门，并配备具有相应专业知识的检验人员。检验部门的主要职能如下。

（1）保证职能　通过检验，保证原料、半成品、成品的质量，确保不合格原料不投产，不合格的半成品不转入下一个阶段工序，不合格的成品不出厂。

（2）预防职能 通过检验，对产品质量相关的信息和数据记录、分析、保存，为分析相关质量问题提供依据以及指导，避免同类问题再次发生。及时发现问题，找出原因，及时排除，从而达到有效预防的目的。

（3）报告职能 对于检验工作中收集到的数据、情况做好记录、分析，及时上报，为改进、加强质量管理提供必要的信息及依据。

（五）食品质量检验计划

质量检验计划就是对检验涉及的活动、过程、资源作出规范化的书面文件规定，用以指导检验活动，使其能正确、有序、协调进行。检验计划是生产企业对整个检验工作进行系统策划和总体安排。一般以文字或图表形式明确地规定检验点（组）的设置、资源配备（包括人员、设备、仪器和检具）、检验方式和工作量，它是指导检验人员工作的依据，是企业质量工作的一个重要组成部分。食品质量检验的作用如下。

（1）保证出厂产品的质量符合食品标准及规范的要求。对食品原辅料、包装材料、半成品以及成品进行相应检验，判断食品品质合格与否，从而保证出厂产品的质量。

（2）为政府对食品质量进行宏观监控提供数据依据。

（3）对采购接收的产品质量进行监控，保证接收产品的质量。

（4）为质量纠纷的解决提供技术依据。

（5）根据相应标准进行检测，保证进出口食品质量。

第二节　食品生产管理

一、原辅料管理

食品生产所需的原辅料的购入和使用等应制定验收、检验、贮藏、使用等管理制度，并由专人负责执行，涉及企业生产和品质管理的所有部门。对原辅料管理关键在于：①建立原辅料管理系统，使原辅料流向衔接明晰，具有可追溯性；②制定原辅料管理制度，使原辅料的验收、检验等有章可循；③加强仓储管理，确保原辅料的质量。

建立原辅料管理系统是指从原辅料采购、入库，到投产、回收、报废过程，将所有原辅料的流转纳入统一的管理系统，从而确保对产品质量的控制。原辅料的采购入库流程如图6-4所示。

（一）原辅料的采购管理

对于原辅料的采购来源，食品生产企业应建立有安全保障的、能稳定供应的原料生产基地，实施规范化管理，采取"公司+基地+标准化"的生产模式，建立原料生产基地，控制食品加工前端原料种植、养殖过程，建立起企业与原料生产基地的紧密供货关系，是控制原料安全最有效的方式。对不具备建立基地的企业，通过评估选择合格的供应商，与其建立稳定的供需关系。在选择供应商时，应严格评估相关指标，包括对其资质、规模、质量管理体系等进行评价考核；对许可证和产品合格证明文件情况、标签、包装完整性、数量等方面进行查验；对原

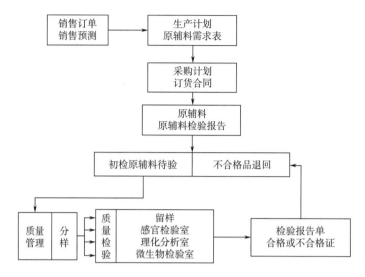

图 6-4 原辅料的采购入库流程

辅料质量有严格的验收标准。

（二）原辅料的验收管理

验收各种原辅料时，除了向供货方索取产品的检验合格证或化验单，还应对原辅料色、香、味、形等感官性状进行检查，且对其产品质量和使用安全性还需要进一步采用理化或微生物学方法来判定。常用的检查内容包括感官检查、理化检查、微生物检查、有毒有害物质的检测等。原辅料验收方法有进货商自行检验、在供应商现场实施检验、委托有资质的检验机构验证等。原辅料验收方法有进货商自行检验、在供应商现场实施检验、委托有资质的检验机构验证等。

（三）原辅料的储存和使用管理

（1）生产厂建立日常到货辅料登记台账，包括到货日期、辅料名称、生产厂家（供应商名称）、数量、检验情况、折扣情况、库存数量、接收人签名。

（2）物料进仓后，要定点、定位进行存放。物料摆放时要按照"先进先出"的原则进行，即先进来的物料放在上面或外面。

（3）物料叠放应做到"上轻下重、上小下大"，摆放高度不得超过2m，所有物料应做到离墙离地摆放，摆放不得超出规定区域。

（4）过敏原物料入库后应集中存放管理，且应标示有"过敏原"字样，与非过敏原物料应分开放置。

（5）冷冻类原料要求储存于冷冻仓库，冷冻仓库的温度应达到-16℃左右，仓管员每4h至少要对冷冻仓库的温度进行一次确认并记录实测温度，有异常时要及时报告。

（6）物料在库管理过程中，仓管员应加强日常巡仓检查工作，发现有倾斜、破损、变形、状态异常的物料应及时挑出，放在待处理品区并做好标示，及时上报处理。

（7）仓管员应做好仓库的日常卫生清洁工作，库区内至少每周进行一次大扫除。各仓库应保持地面、窗台、墙壁及物料上面干净整洁、无灰尘、无蛛网。

（8）物料在库管理时，仓库内应保持清洁卫生、空气流通，各仓管员应做好防火、防盗、防潮、防虫鼠害、防雨、防变质的工作。

（9）辅料的使用要遵循先进先出的原则。

（10）原辅料投入使用后，包装物按要求进行处理。

（11）各生产厂必须严格控制工艺条件，确保原辅料的使用效果。如发生原辅料未达到使用效果或消耗定额急剧升高的问题，各生产厂应向生产部和公司生产运营管理部提交书面报告，说明原因，以采取处理措施。

二、食品添加剂管理

加强食品添加剂的使用管理，可有效防止食品污染，保证消费者健康，确保食品质量安全，应根据《中华人民共和国食品安全法》及其实施条例、GB 2760—2014《食品安全国家标准　食品添加剂使用标准》相关规定，做好食品添加剂管理系统。

（一）食品添加剂的采购管理

首先应评估食品添加剂生产厂家和供应商的资质及质量保证能力，选择资质合格的供应商进行采购。采购时需索取检验合格证或化验单，禁止购买无生产许可证编号、无厂名厂址、无使用范围、无使用量等说明内容的添加剂。

采购的食品添加剂应符合 GB 2760—2014《食品安全国家标准　食品添加剂使用标准》，使用的添加剂必须是允许添加到食品中的，禁止使用非食用添加剂。

（二）食品添加剂的验收管理

对购进的食品添加剂，生产部、技术部应先审查其是否合格，并索取其有关资质证明，包括本批次产品的出厂检验报告单和企业同产品近期有资质的检验机构出具的检验报告单，并加盖企业（或供应单位）的公章，否则不予采购。

购进的食品添加剂能自检的，生产品管部除索要营业执照、全国工业品生产许可证复印件（加盖企业或供应单位公章）、检验报告单外，还须抽样检验，合格后出具原材料检验结果报告单；不能自检的，由生产品管部出具参考检验的检验结果报告单。凡是生产品管部未出具检验合格的检验结果报告单的，一律不得入库、不得使用。

（三）食品添加剂的存储和使用管理

（1）食品添加剂实行专库、专人管理，仓库依据生产品管部出具的检验合格的检验结果报告单办理入库手续，否则不得入库和使用。

（2）仓库内食品添加剂标识要清楚并建立食品添加剂出入库台账，详细记录食品添加剂的入库及领用情况。

（3）生产配料人员应建立详细的食品添加剂使用记录，包括食品添加剂的具体名称、允许最大使用量、实际添加量和配料人等内容，其中用量及范围不得超过规定的最大限值和适用范围。

（4）所用食品添加剂必须按规定在产品标签上予以明示。

三、食品工厂管理

（一）食品工厂设计

要做好食品工厂设计，应保证物料衡算、设备选型、生产车间工艺布置、能量衡算等方面的合理性与科学性，具体内容如下。

1. 物料衡算

物料衡算包括该产品的原辅料和包装材料的计算。通过物料衡算，可以确定各种主要物料的采购运输和仓库储存量，并对生产过程中所需的设备和劳动力定员的需要量提供计算依据。计算物料时，必须使原辅料的质量与经过加工处理后所得成品和损耗量相平衡。加工过程中投入的原辅料按正值计算，加工过程中的物料损失，以负值计入。这样，可以计算出原料和辅料的消耗定额，绘制出原辅料耗用表和物料平衡图，为下一步设备选型、能量衡算、管路设计等提供依据和条件，为劳动定员、生产班次、成本核算提供计算依据。因此，物料衡算在工厂设计中是一项既细致又重要的工作。

2. 设备选型

目前食品工厂的生产设备可按照两种方式进行分类：①根据原料或产品分类，如豆制品加工机械、酿造机械、糖果加工机械等；②根据机械设备的功能分类，如筛选和清洗机械、粉碎和切割机械、分级分选机械、搅拌及均质机械、计量机械等。设备选型是保证产品质量的关键和体现生产水平的标准，又是工艺布置的基础，并为配电、水、气用量计算提供依据。设备选型应根据每一个品种单位时间（小时或分钟）产量的物料平衡情况和设备生产能力确定所需设备的台数，若有几种产品都需要共同的设备在不同时间使用，则应按处理量最大的品种所需要的台数来确定。对生产中的关键设备，除按实际生产能力所需的台数配备外，还应考虑有备用设备。一般后道工序设备的生产能力要略大于前道工序，以防物料积压。

3. 生产车间工艺布置

食品工厂生产车间布置不仅与建成投产后的生产实践有很大关系，而且会影响到工厂整体。车间布置一经施工就不易改变，所以，在设计过程中必须全面考虑。工艺设计必须与土建、给排水、供电、供气、通风采暖、制冷以及安全卫生等方面取得统一和协调。

生产车间平面设计，主要是把车间的全部设备（包括工作台等），在一定的建筑面积内做出合理安排，主要包括：①平面布置图，就是生产车间内，设备布置的俯视图。在平面图中，必须表示清楚各种设备的安装位置，下水道、门窗、各工序及车间生活设施的位置，进出口及防蝇、防虫措施等；②剖面图，它是解决平面图不能反映的重要设备和建筑物立面之间的关系，以及设备高度、门窗高度等；③管道布置图，又称为管道配置图，是表示车间内外设备、机器间管道的连接和阀件、管件、控制仪表等安装情况的图样，包括管路平面图、管路立面图和管路透视图。

车间通常有辅料间、加工车间、包装间、贮藏间、仓库等。各车间要合理布局，应综合考虑人流、物流、气流等因素，避免人员、原辅料、半成品和成品之间的交叉污染，设备布局应符合工艺流程需要，并能满足质量卫生要求（表6-5）。

表6-5　　　　　　　　　　　　一般食品工厂基于清洁度的作业区划分

清洁度区分	厂房设施（依工艺流程顺序排列）
一般作业区	原料仓库
	材料仓库
	原料处理车间

续表

清洁度区分	厂房设施（依工艺流程顺序排列）
清洁作业区	加工车间
	即食性成品的冷却场所及内包装车间
准清洁作业区	非即食性成品的内包装车间
	即食性成品的半成品与成品仓库
一般作业区	外包装车间
	非即食性成品的仓库
非食品处理区	检验（化验）室、办公室、更衣及洗手消毒室、厕所

4. 能量衡算

在食品工厂的生产操作中，水、电、气等的需求是不可或缺的，它们为食品加工提供能量。能量衡算就是要通过对生产中能量需求量的计算（包括热量、耗冷量、供电量、给水量计算），确定生产用量，并通过计算，得出生产过程能耗定额指标，定量研究生产过程，为过程设计和操作提供最佳依据。此外，还可以依此对工艺设计的多种方案进行比较，以选定先进的生产工艺，或对已投产的生产系统提出改造或革新，分析生产过程的经济合理性、过程先进性，解决生产上存在的问题，达到节约能源、降低生产成本的目的。

（二）食品工厂各区域管理

1. 厂区环境管理

①厂区环境要整洁卫生、无异味；②厂区主要通道硬化、无明显积水、无扬尘；③厂区内存放报废或停用设备等的场所无虫鼠害孳生或藏匿；④垃圾站应及时清理并有效清洁，不得有大量蚊蝇孳生。

2. 更衣室管理

①更衣柜顶部不得存放杂物，室内所有设施如排风扇、纱窗、家具应整洁无积尘、无异味；②个人更衣柜内不得有食物、药品等存放；③工作服/鞋与人员外出衣物/鞋应分开存放，避免交叉污染；④更衣室内应张贴更衣流程图及管理规则。

3. 卫生间管理

①车间工作服、工作鞋不得进入卫生间；②卫生间应干净无异味、无蚊蝇；③卫生间应有洗手设施、洗手消毒液，维护良好。

4. 维修间管理

①库房门应上锁，并授权进入；②室内应干净清洁，工具摆放整齐；③工具箱须受控，并有工具清单。

5. 生产车间出入口管理

（1）出入口设施　①设施须完好无损；②与外界相通的门帘完整无破损（推荐黄色门帘），相互重叠，不得距离地面缝隙过大失去虫害防护功能；③风幕运行正常；④与外界相通的门窗应完好，保持关闭，可开启的窗户应安装可防止虫害进入的纱窗，并保持纱窗完好无损，所有门窗玻璃应使用防爆玻璃或贴膜防护；⑤按要求放置虫鼠害防治设施并维护良好；⑥与外部直接相连的物料出入口应有虫鼠害防护设施，建议使用双层门。

（2）清洗消毒管理 ①洗手设施须配备充足，水龙头数量与同班次食品加工人员数量匹配，配备足够的洗手消毒设施，如水龙头、消毒池、洗手液、消毒液、干手器或干手纸等（符合 GB 14881—2013《食品安全国家标准 食品生产通用卫生规范》规定），多人使用不影响出水量；②水龙头非手动开关，配备干手和消毒设施，状态良好；③配备无味洗手液；④消毒液配制记录要与标准、实际相符，标识要清楚，上锁保存，专人发放；⑤车间入口洗手消毒处应张贴洗手消毒流程图；⑥洗手消毒设施、设备应处于正常使用状态、无破损。

（3）人员检查管理 ①进车间前应有专人检查人员健康、卫生情况；②员工个人物品不得带入车间，进、出车间的工作用品需登记核查。

6. 生产车间管理

（1）生产区域环境管理 ①车间门窗完好，保持关闭以防止虫鼠害的进入，可开启的窗户应安装可防止虫鼠害进入的纱窗；②车间生产区域不得存放绿植等任何与生产无关的物品，看板不能用图钉、磁贴等安装；③所有门窗玻璃应使用防爆玻璃或贴膜防护；④生产用水使用适合的饮用水，定期检查水质并记录；⑤对加工用水有特殊要求的食品应符合相应的规定；⑥下水道应由高清洁区流向低清洁区；⑦下水道畅通无倒灌，防鼠网摆放正确、无异味；⑧车间地面应保持整洁干净、无积水、无破损，制定清洗程序；⑨墙壁、天花板应干净、无破损、无生锈、无霉斑、无蜘蛛网等昆虫活动痕迹，墙壁用于固定的钉子等必须牢固；⑩天花板无冷凝水；⑪生产车间有通风换气设备，清洁区域空气保持正压。进风口、排风口保持干净，过滤网保持完整；⑫制冷设备、风口下方不应存放物料、产品；⑬照明设施要保持干净，要有防护设施，关键工序和检测岗位光照强度符合要求（参照 GB 14881—2013《食品安全国家标准 食品生产通用卫生规范》规定）。

（2）设备设施管理 ①生产现场应实施可视化管理：现场生产工艺要点、CCP、产品标准图、产品缺陷图等应直观可视，并放置于操作岗位附近，可视图应防水、可清洁、不产生异味；②与原材料和产品接触的工器具和设备，应使用无毒、无味、抗腐蚀、不易脱落的材质制作，无卫生死角且易于清洁；③设备安装应离地、离墙，便于清洁，或直接不留空隙固定于地面；④机械设备运行正常，维护良好（无异常音、突出的焊点、螺母脱落、螺丝松动、锈、破损等状况）；⑤维修/保养时，工具、零部件和更换下来的所用物品均有带进带出的数量记录；⑥设备、设施、工器具保持清洁卫生，无破损、无缺失，不同用途的工器具用颜色区分，并做好标识，有详细的清洁程序以及生产线专用的清洁剂；⑦设备应标识：名称、负责人、状态、操作步骤等信息；⑧卫生间应干爽无异味、无蚊蝇；⑨设备、工具不能有暂时性维修措施，如使用胶带、铁丝、线绳；⑩车间内应配置足够的产品质量检验工作台或区域，并应配备相应的检查工具，如台秤、温度计、秒表、产品抽测模具等。

（3）物料控制管理 ①车间布局合理、动向顺畅，物料应无重复流转、无产品积压，所有物料离墙离地放置；②物料外包装不能进入生产现场；③所有物料容器都应有标识并密封或加盖，标签与内容物一致；④所有物料均应有可追溯的批号标识，制投料前检查复核配料保质期，无过期配料使用；⑤现场观察原料拆袋操作人员是否有检查拆下包装袋的完整性，是否进行收集；⑥如有配料间，配料记录应完整并进行配料、投料的复查；⑦配料在加入设备前应有过筛、过滤等异物剔除管控措施，异物应有记录并分析跟进。

（4）物理污染控制管理 ①建立有异物污染管理制度；②应有完善的设备维护、卫生管理、现场管理、外来人员管理及加工过程监督等措施，体现预防为主的精神，针对各种异物源应避免或减少使用，通过收集回收清点以设计有效去除方式等方法以降低其混入食品的概率；③采用筛网、捕集器、磁铁、金属检查器等设备以降低金属或其他异物污染风险；④生产现场进行维修、维护及施工等工作时，应采取适当的措施避免异物、异味、碎屑等污染食品。

（5）仓库储存管理　①仓库应设有待检区、不合格品存放区、过敏原存放区；②过敏原的存放不应造成对非过敏原或其他过敏原原料的污染；③成品应按照限高堆放，无超高或垛上堆垛的状况；④物料或成品的包装无破损；⑤食品添加剂应设专库存放、专人保管；⑥化学药品应设专库存放、专人保管；⑦物料应做好标识：名称、数量、批次（或生产日期）、入库日期等信息，标识要清晰，易于查看；⑧物料应严格按照先进先出的原则；⑨现场查看是否有过期、不符合法律法规要求的原辅料及其他物品；⑩仓库内所有物料应封口保存，不同原辅料应独立区别存放且标识清楚；⑪冷库入口应有校准合格的自动记录、温度电子显示器；⑫应检查原辅料，包装材料及成品仓库的库容是否适宜，库温是否符合要求；⑬所有门窗玻璃应使用防爆玻璃或贴膜防护；⑭冷库天花板、墙壁、风机应定期除霜，并形成记录，地面无结冰；⑮风机下方不应存放物料（有效冷凝水防范措施的除外）；⑯仓库门窗密封，墙面、地面、天花板无破损、无洞、无缝、无脱落，墙壁用于固定的钉子等必须牢固；⑰仓库内或产品、原料、包装物上不得发现昆虫、蜘蛛/蜘蛛网、老鼠、蜥蜴、蚂蚁等；⑱仓库地面应干净、无积水、无破损；⑲仓储门应有门帘或风幕，建议门帘为黄色，相互重叠，不得距离地面缝隙过大失去虫害防护功能；⑳仓库区域应按要求放置虫鼠害防治设施；㉑栈板无破损，木栈板定期应进行消毒除虫。

（6）收、发货区域管理　①仓储的叉车要求使用充电式，不允许使用汽油车、柴油车等有尾气污染的搬运工具；②叉车应维护良好无漏液、破损、生锈；③叉车充电区应不对物料造成污染；④墙面、地面、天花板无破损、无洞、无缝、无脱落，墙壁用于固定的钉子等必须牢固；⑤月台应密封且可防止虫鼠害入侵；⑥有冷藏/冷冻原物料或成品时，月台应有制冷设施，温度满足客户要求；⑦收发货区域应按要求放置防虫防鼠设施。

7. 运输车辆管理

①车辆外箱不得出现化学品、杀虫剂、农药、家具、日化等与食品无关的文字或图案；②应使用厢式或有防护的货车，车厢环境卫生良好，灯有防护；③食品原料不得与有毒有害有异味品同时装运；④车辆在上货前和上货后均应保持上锁或铅封状态；⑤冷藏或冷冻原料/成品应使用冷藏或冷冻车辆运输，且运输温度满足客户要求，装配有温度追踪仪；⑥冷藏或冷冻车辆预冷温度应满足客户要求。

8. 检测实验室管理

①应按照 ISO 17025 标准建立实验室管理原则；②门应上锁，只有授权人员才能进入；③玻璃制品应受控，进出车间应有记录；④实验室工作区域不得存放食品、私人物品；⑤试剂应受管控，标识符合要求，并在保质期内；⑥设备及玻璃器皿应完好，无破损；⑦墙面、地面、天花板无破损、无洞、无缝、无脱落，墙壁用于固定的钉子等必须牢固；⑧室内应干净整洁，物品摆放整齐；⑨微生物实验室紫外灯应工作正常、定期更换；⑩微生物实验室的进出应有二次更衣；⑪废弃培养基经灭菌处理，不会造成环境污染。

9. 消防安全管理

①配备足够的消防器材并做好标识；②消防栓内的管带应按要求存放，保持干燥并且无发霉现象，枪头配备齐全；③消防箱门锁处于正常状态；④灭火器应完整、处于有效期内；⑤逃

生通道内不能存放任何物品，时刻保持畅通，并应在离地1m高的墙壁上安装逃生指示灯，并保持正常状态；⑥安全门不能上锁；⑦进、出口应安装应急灯，并保持正常状态；⑧消防栓应有定期检查记录；⑨加热设备应有自动灭火系统；⑩安全员、电工、制冷工、锅炉工、叉车工、污水处理人员等应具备特岗人员的资质证书；⑪制冷设备、制冷管道、锅炉、压力表、油罐等应具有特种设备年检证书。

10. 环保管理

①污水处理能力应与生产能力匹配，处理设备运行正常；②应具备污水处理检测报告；③应具备烟气排放安装处理装置；④应具备废弃物暂存区域隔离设置。

第三节　食品贮运管理

若要使食品在运输、销售过程中保持其营养成分及色、香、味，使人们能够消费到既新鲜又营养安全的食品，就要做好食品的贮藏和运输工作。产品贮运贯穿于食品流通的全过程，是产品从生产到出售的必备环节。根据不同食品的性质，选择合适的贮运方式和控制措施，可预防和控制食品污染，提高食品的安全性。

一、食品贮藏管理

（一）食品的贮藏方式

食品的贮藏方式有3种基本类型：低温贮藏、干燥贮藏和化学保藏。低温贮藏分为冷藏和冻藏。冷链食品的整个流通环节就依赖于低温贮藏，其质量影响因素因果分析如图6-5所示。干燥贮藏是典型的用来贮藏不易腐败的食品，即没有潜在危险的食品的方法。化学保藏是采用添加剂提高食品的耐藏性。如今随着技术的发展，许多新型的食品贮藏技术纷纷出现，如中国某企业针对泡椒凤爪研发出了非辐照锁鲜技术，以色列某公司的隐形可食用涂层通过气调技术延长果蔬保质期。食品贮藏按照性质与需要一般分为生产贮藏和流通贮藏两种，生产贮藏与流通贮藏涉及面广，是生产企业、商业企业必须认真研究、对待的问题，也是物流企业服务的

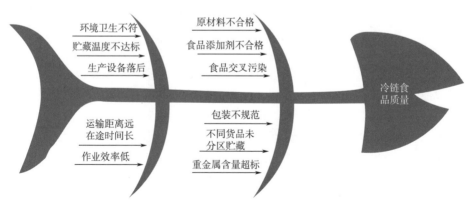

图6-5　冷链食品质量的影响因素因果分析

要点。

（二）食品的贮藏库存类型

食品的仓储工作是食品流通过程中的重要环节，也是保证食品食用价值的关键。正因如此，人们在长期的生产实践中，根据不同食品特性，结合各地的自然和经济特点或条件，积累了丰富的贮藏经验，也创造了各种行之有效的控制环境的贮藏方法或仓藏类型。目前在生产中常用的贮藏库类型大致有常温贮藏库、机械冷藏库（低温冷藏库和低温冻藏库）和气调贮藏库3大类型。

1. 常温贮藏库

目前的常温贮藏库主要有4种：房式仓、砖圆仓和土圆仓、钢筋混凝土立筒仓、钢板仓。

其中房式仓是我国建造最多、使用最普遍的一种，其以平房仓为主仓房占地面积小，容量大，通风性能较好，适合于机械操作，缺点是隔热性能较差。砖圆仓和土圆仓比房式仓结构简单，适合于气候干燥的北方，优点是防潮性能良好，适合于小品种粮贮藏，尤其适合于低水分粮食的贮藏。钢筋混凝土立筒仓的特点是储藏量大、占地面积小、机械化程度高、粮食进出仓快，具有良好的防虫、防鼠、防雀和防火性能，有利于安全储藏，最适合建造中转库。钢板仓的优点是耐水性能好，能防止外部水分和湿气入侵；维修费用也较低；建造速度快且简单。缺点是对钢材的耗用量大。

2. 机械冷藏库

机械冷藏库是指利用制冷剂的相变特性，通过制冷机械循环产生冷量并将其导入有良好隔热效能的库房中，根据不同贮藏产品的要求，控制库房内的温度、湿度条件在合理的水平，并适当进行通风换气的一种贮藏方式。机械冷藏库的制冷系统是由制冷剂和制冷机械组成的一个密闭的循环系统。制冷机械是由实现制冷循环所需的各种设备和辅助装置组成，主要有压缩机、冷凝器、调节阀和蒸发器4部分组成。制冷剂在这一密闭的循环系统中重复进行着压缩、冷凝、节流和蒸发的过程，从而起到使冷库降温的作用。目前大中型冷库常用的制冷剂是氨，小型活动冷库或制冷装置常用的是氟利昂。机械冷藏库是具备良好隔热库体和机械制冷设备的永久性库房，可以常年使用，人为调控贮藏温度、湿度，贮藏效果好。但是库房建造和制冷机械设备购买的投资较大，库房的运行耗能较多，而且需有良好的管理技术，因此贮藏的成本相对较高。

3. 气调贮藏库

气调贮藏被认为是目前贮藏新鲜园艺产品效果最好的贮藏方式。气调贮藏库是在机械冷藏库的基础上发展起来的永久性的气调贮藏设施，它的库体要求有更高的气密性。气调贮藏就是把新鲜的园艺产品，放在特殊密封的机械冷藏库内，同时改变贮藏环境的气体成分的一种贮藏方式。在新鲜园艺产品的贮藏中，降低温度和氧气浓度，提高二氧化碳浓度，可大幅度降低新鲜园艺产品的呼吸强度和自然消耗，抑制催熟气体乙烯的生成，减少病虫害的发生，延缓其衰老进程，从而达到长期贮藏保鲜的目的。值得指出的是，气调贮藏并非简单地改变贮藏环境的气体成分，而是控温、增湿、气密、通风、脱除有害气体和遥控监测在内的多项技术的有机结合，它们相互配合，相互补充，缺一不可，才能达到各种参数指标的最佳控制和最佳贮藏效果。

气调贮藏与通用的常规贮藏和机械冷藏相比，有贮藏效果好、贮藏时间长、贮藏损失少、保质期长、有利于推行绿色食品贮藏等优点。

二、食品运输管理

（一）食品运输方式

食品运输是指采用各种工具和设备，通过多种方式使食品在不同区域之间实现位置移动的过程。食品运输是食品流通过程中形成物流的媒介，是流通过程中的一个重要环节，也是联系生产与消费、供应与销售之间的纽带。食品运输业越发达，越能促进食品的商品化生产，加速食品的流通，扩大流量，对于均衡供应和丰富广大消费者的生活都有着重要意义。

我国目前存在的主要食品运输形式包括陆运（包括公路、铁路）、水运（包括内河运和海运）、空运及上述几种形式的联运。一般选择有利于保护商品、运输效率高且成本低廉，以及受季节、环境变化影响小的运输方式。

（二）食品运输的环境条件及其控制

食品运输可以看作是食品在特殊环境下的短期贮藏。在食品运输过程中，温度、湿度、气体等环境条件均会影响食品品质。运输环境条件的调控是减少或避免食品破损、腐烂变质的重要环节，所以要结合食品的特性综合考虑运输中的振动、湿度、温度、气体、装载与码垛等影响因素，以保证食品的质量与安全。

 拓展阅读

食品贮运温度参考

第四节　食品销售管理

销售服务，指为满足消费者需求，提供有形产品及相关无形服务的行为活动。产品生命周期的理论提及，企业得以生存和成长的关键在于不断地创造新产品和改进旧产品。新产品的推出和企业的总销售量及利润的增加呈正相关，有远见的企业把新产品的开发看作是一项必不可少的投资。

新品的成功推出和销售，对于企业来说，是保持企业市场竞争力与抢占市场的关键。新产品市场管理基本流程如图6-6所示，先进行多维度、体系化市场调研分析，基于市场环境和成本要求设计出符合消费者需求的新产品；新品进入市场后实时进行上市跟踪及活动推广，保证正常销售及爆款打造；另外促销、陈列、销量、舆情等关键环节都将影响新品的市场表现。

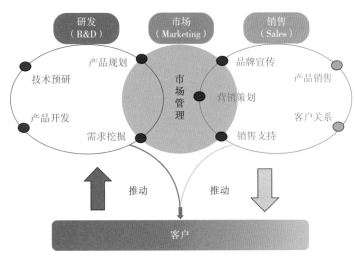

图6-6 新产品市场管理基本流程

一、新产品销售落地管理

（一）新产品销售落地措施

1. 确定新产品的独特价值和目标市场

首先要确定新产品所在行业的特点。在行业成熟期，不再需要教育市场，市场规模通常巨大，如果能够在成熟期的行业获取一定的市场份额，其绝对规模通常比较可观。

其次定位新产品在市场上的记忆点差异化价值。首先，要获得市场份额，差异化是关键突破点。成功的新消费品牌都是切入消费需求点，并且找到了其独有的差异化诉求，从而实现了快速突破。其次，要将新品打造成爆品，则必须基于顾客需求，直戳其利益点。另外，需要足够的价值背书作为支撑点，例如品牌效应、专家认可、明星代言等，才能不断吸引目标客群和教育消费者。

新产品的销售定位可从消费人群定位和市场反馈的循环中不断完善，如图6-7所示，新产品进入市场前，应先挖掘核心消费者画像、竞品动态、产品趋势及市场方向，针对消费者的需求，设计合理的定价、包装等，来确定新产品的市场定位，提高市场接受度。

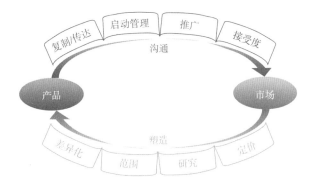

图6-7 新产品与市场的关系

2. 新产品的目标店标准

应合理选择新产品目标店的位置，门店数量绝对不是越高越好。

3. 经销商的新品销售标准

应对如经销商必须要求有多少安全库存、经销商店铺新品如何做店头陈列等问题确立相关标准。

4. 新产品铺货力度标准

对于经销商把新品从其库房销售到二级商、终端店，也需要确定一套标准。

5. 新产品在终端店标准

确定新产品在二级商、终端店的展示标准，如我们熟知的条码、位置、陈列、价格、促销、助销、服务，这是终端动销七要素，要规定这 7 个要素的标准，模范店要调高标准。

对于其他促销标准、服务标准都必须做好模板。

（二）新兴销售方式拓展

21 世纪的营销和零售都在争抢"Z 世代"的偏爱和流量，也就出现了一系列符合"Z 世代"消费心理的新兴销售方式。如盲盒营销，已出现在各个领域，不仅局限于玩具、手办、文创，更是出现在美食、美妆等领域，更甚于出现在各大商场，开始了各种玩法，出现城市"IP+盲盒""直播经济+盲盒""她经济+盲盒"等各个类别的各种组合。再如跨境新零售（图6-8），运营跨境零售要确认供应链是否稳定、店铺开设方式、分销渠道以及产品的零售场景，把线上的高效率和线下的体验性结合起来，让消费者在享受高效率的同时回归体验性。

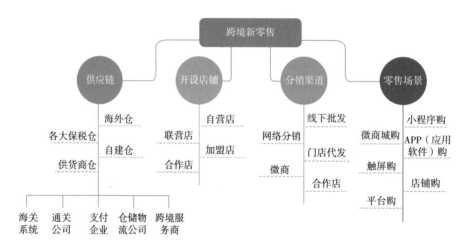

图 6-8　跨境新零售模式

二、销售卫生安全规范

食品销售管理的范围包括经营过程中的销售环节及现场加工食品的场所、设施、从业人员的基本要求卫生和管理准则。食品经生产加工等流通环节后通过销售渠道抵达消费者手中，为了保障"从源头到餐桌"的食品质量与安全，《中华人民共和国食品安全法》《食品生产经营日常监督检查管理办法》《中华人民共和国农产品质量安全法》《流通环节食品安全监督管理办法》、GB/T 23346—2009《食品良好流通规范》、GB 31621—2014《食品安全国家标准　食品经营过程卫生规范》《流通领域食品安全管理办法》等系列法律法规及标准都对食品销售行为做出了系列规定。

《食品生产经营监督检查管理办法》第九条规定，食品销售环节监督检查事项包括食品销售者资质、从业人员健康管理、一般规定执行、禁止性规定执行、经营过程控制、进货查验结果、食品贮存、不安全食品召回、标签和说明书、特殊食品销售、进口食品销售、食品安全事故处置、食用农产品销售等情况。

总体来说生产经营主体需建立一套切实可行的食品安全销售管理制度，并明确落实各销售人员在经营过程中的安全责任，其内容基本涵盖8个方面：①建立健全落实食品安全管理制度；②配备经培训合格的食品安全卫生管理人员；③从业人员健康检查管理培训制度；④建立并保留进货查验及记录制度；⑤建立并保留食品销售记录制度（批发零售商、进口商等）；⑥建立食品安全自查制度；⑦按特性要求贮存运输食品；⑧明确所销售的各品类食品的相关法律规定。

食品产品的销售管理主要包括销售环境、贮存、货架、人员、食品安全突发事件应急管理。

（一）销售环境

销售环境指零售企业包括集贸市场、超市、百货店、仓储式会员店、便利店、食杂店等销售食品的经营场所。销售场所应与经营食品品种、规模相适应。总体上应保证布局合理，做到食品经营区域与非食品经营区域、生熟食区域、待加工食品与直接入口食品区域、水产品经营区域与其他食品经营区域分开设置，以防交叉污染。

为保障环境中食品安全卫生，应做到以下几点。

（1）食品销售环境应依据产品销售流程合理布局设备及设施，防止其在经营中交叉污染。

（2）经营场所内应在显著位置悬挂《食品流通许可证》和《营业执照》，并按要求做复核或延续，持有效证件方可开展经营活动。

（3）经营场所应配备与销售食品种类、数量相适的防鼠、防虫蝇、防潮防霉、消毒以及处理废水、废弃物的基础设施，并确保正常使用。设置通风设施，保持良好通风；定期清扫，保持干燥整洁，清货时做好清洗消毒工作。

（4）定期进行虫鼠害防治工作，该项工作不能在营业时间进行，实施时应对食品采取保护措施。

（5）经营场所应与有毒有害场所及其他污染源保持规定的安全距离；定期对经营场所和库房周围进行卫生清扫，消除有毒有害昆虫及其孳生条件。

（6）销售场所应具有与经营食品品种、规模相适应的销售设施和设备。如熟食制品销售场所需配备充足有效的空气消毒设施、冷藏及专用销售工具；散装食品销售区应设更衣、洗手消毒并配有脚踏式、感应式等非手动式的水龙头的设施；对温度湿度有特殊要求的食品，设备和设施需满足该食品的安全要求，确保冷藏库或冷冻库外部实现监测和控制的仪器正常运转。其次与食品表面接触的设备、工具和容器，应使用安全无毒、耐腐蚀、防吸收、可反复消毒的材料，食品加工及销售用设备可依据T/CCAA 28—2016《食品安全管理体系 食品加工及销售用设备生产企业要求》及GB 4806.9—2016《食品安全国家标准 食品接触用金属材料及制品》。

（7）销售场所应配备废弃物存放专用设施，合理、易清洁且防渗漏，其设施和容器的标识应清晰并及时处理。

（8）始终保持销售场所的地面、货架、柜台等卫生清洁。

（9）经营场所禁止出售"三无"、有毒有害以及未检验或检验不合格的食品。食品外观应清洁卫生，若出现食品过期、包装损坏、受潮发霉生锈等现象应立即处理。

（二）贮存

销售经营过程中，经营主体应建立食品存储仓库，详细记录食品入库信息及商品流向。同时健全食品贮存清理制度，具备满足卫生安全条件的食品贮存场所，采取符合科学的方法对其进行清理和对食品进行贮存，定期检查贮存场所中的库存食品，及时清理变质、过期等不合格食品。

（三）货架

货架作为产品的陈列载体，货架如何布局直接关系到消费者的选购。而各类加工后的食品对陈列环境的要求不同，因此需要注意以下几点。

（1）食品陈列设施合理，划分食品经营区域，按要求将食品与非食品、生熟食品分开陈列销售；工作人员每天对出售食品进行查验。销售人员应按照食品标签标示的要求事项销售预包装食品，用于销售的容器、工具等须满足食品安全要求，确保产品质量合格。

（2）不同形式的产品应依据其特性采取不同的辅助销售措施　①散装食品应在容器、外包装上标注食品名称、生产日期、保质期等信息，且须按品种配备足量且卫生的容器及防尘设备材料，并设置"散装食品标识牌"，做到"一货一牌、货牌对应"，且为消费者提供卫生便捷的小包装；②针对裸露食品，如需在上方安装照明设备，应选择安全型照明设施或者做好相应防护措施；③应根据食品特性建立温度控制等安全防控措施。生鲜食品销售需配备货架、保温柜、冷藏柜和冷冻柜等陈列设施，同时配备配套检测设备。

（3）对即将到达保质期的食品，集中进行摆放，并做出明确的标示。

（4）对出售食品定期检查，查验生产日期和保质期，按制度及时清理变质、过期及其他不符合要求的食品，将其下架封存退出市场，详细记录留档。

（四）人员

1. 销售经营主体

（1）主营食品批发的企业进行销售活动时，应如实记录批发食品的名称、规格、数量、生产日期/生产批号、保质期、销售期及购货者名称、地址、联系方式等内容，并保存相关票据。记录和凭证保存期限不得少于食品保质期满后6个月；没有明确保质期的，保存期限不得少于两年。

（2）电子商务活动中进行在线销售商的商家及从业人员应遵循GB/T 36315—2018《电子商务供应商评价准则　在线销售商》中相关的规定。

2. 食品从业人员健康管理

（1）食品经营从业人员须经岗前卫生培训，合格后方能上岗；与直接入口食品工作岗位的相关人员每年必须定期进行健康检查，获得健康证明，定期参加食品安全及其相关卫生法律法规、业务技能的培训。

（2）若食品从业人员出现发热、呕吐、咳嗽、腹泻等影响食品卫生的症状时，应立即脱离工作岗位，待查清原因、排除风险或者痊愈后方可重新上岗。

（3）食品经营人员应符合国家规定中对人员健康状况的要求，食品经营者应建立人员健康档案，加强健康状况督查。

3. 食品从业人员卫生管理

（1）食品从业人员进入经营场所需注意个人清洁卫生，仪表整洁，卫生习惯良好，以防污染食品。个人卫生情况符合《中华人民共和国食品安全法》《食品生产经营从业人员卫生管理制度》的要求。

（2）直接接触散装直接入口食品的从业人员上岗时穿戴统一整洁的工作服，经常换洗保持清洁。工作中不得进行进食、吸烟、嚼口香糖或其他有碍食品卫生的活动，私人物品禁止带入工作区内。

（3）使用卫生间或接触可能导致食品污染的物品后，再次从事接触食品、食品工具、容器设备等与食品经营相关的活动前，应洗手消毒。

4. 食品从业人员培训管理制度

（1）食品经营企业应建立岗位培训制度，制定切实可行的食品安全规则和食品安全知识培训。

（2）制定食品安全管理制度及细分岗位责任制度，并严格督促检查执行情况。

（3）定期检查食品经营中食品安全状况并记录，对任何发现的不符合要求的现象及时纠正。

（4）建立食品卫生安全检验工作管理规范。

（5）建立健全产品安全管理档案，保存自查过程中的各种检查记录。

（6）定期向市场监督管理部门上交本单位的食品安全综合自查报告，其样式由市场监督管理部门另行制定。

（7）完善食品安全管理员制度。

（8）各岗位工作人员应对食品安全的基本原则和操作规范有基本了解，并具有清晰的职责和权限来报告经营销售中出现的相关食品安全问题。

（9）从业人员应对经营过程中采购、验收入库、贮存、销售等环节进行详细记录，其内容应完整真实、清晰且易于识别检索，确保可有效追溯。

5. 食品安全管理员制度

（1）培训从业人员食品安全知识，建立培训档案。

（2）组织从业人员每年健康检查并做好建立健康档案工作。

（3）制定食品安全管理制度及岗位责任制度，定期监督检查。

（4）检查销售经营中食品安全状况，发现不符合食品安全要求的行为及时制止并作出处理。

（5）受理并解决消费者投诉举报事项，并配合监管部门调查处理。

（6）接受、配合市场监督管理部门对本单位的食品安全进行监督检查，并如实提供资料及真实情况。

（五）食品安全突发事件应急管理

商品流通过程中，消费作为最终的环节直接联系着消费者，为有效预防、应对食品安全突发事件，各经营主体应制定食品安全突发事件应急管理方案，以最大限度地减少风险和危害，保障消费者人身健康安全。

（1）当发生食品安全事故时，应立即停止销售、召回、控制且封存导致食品安全事故的可疑食品及原料、工具设备，防止事故食品流失扩散，并采集相关事故食品样品。同时及时通知相应供货商，对涉事食品进行处置；若政府监管部门有明确要求，则按政府部门通知进行处置。

（2）立即拨打医疗救治电话，配合相关部门开展应急救援工作，落实各项应急措施；积极主动配合有关食品安全事故调查处理小组工作，按照要求提供相关资料和样品。并自事故发生起 2h 内向辖区人民政府、市场监督管理局等部门报告具体情况。

（3）对自行检查出存有质量安全隐患的食品，如超过保质期或行政监管机关公布的不合格食品，应及时采取停止销售、退回供货商、销毁等有效措施。

（4）食品召回制度　食品经营者发现其经营的食品不符合食品安全标准，应当立即停止经营，通知相关生产经营者和消费者，记录停止经营和通知的情况，并对已经售出的食品，在能够覆盖的销售范围内予以公告，或在营业场所公示，通知购货人退货，负责将食品追回等。

Q 思考题

1. 简述 HACCP 的原理以及建立 HACCP 的简要步骤。
2. 简述 GMP、SSOP 与 HACCP 三者之间的关系。
3. 食品新产品在上市销售之前需要考虑哪些因素？有哪些新兴销售方式？

参考文献

[1] 刘静, 邢建华. 食品配方设计7步 [M]. 2版. 北京: 化学工业出版社, 2007.

[2] 文连奎, 张俊艳. 食品新产品开发 [M]. 北京: 化学工业出版社, 2010.

[3] 孙宝国. 食品添加剂 [M]. 3版. 北京: 化学工业出版社, 2021.

[4] 顾立众, 吴君艳. 食品添加剂应用技术 [M]. 2版. 北京: 化学工业出版社, 2021.

[5] 孙平. 新编食品添加剂应用手册 [M]. 北京: 化学工业出版社, 2017.

[6] 曹雁平, 刘玉德. 食品调色技术 [M]. 北京: 化学工业出版社, 2004.

[7] 冯涛. 食品调味原理与应用 [M]. 北京: 化学工业出版社, 2013.

[8] 曹雁平. 食品调味技术（第二版）[M]. 北京: 化学工业出版社, 2010.

[9] 宋诗清, 冯涛. 现代食品调香与调味 [M]. 北京: 化学工业出版社, 2021.

[10] 万素英, 李琳, 王慧君. 食品防腐与食品防腐剂 [M]. 北京: 中国轻工业出版社, 2008.

[11] 白新鹏. 功能性食品设计与评价 [M]. 北京: 中国质检出版社, 2009.

[12] 王盼盼. 食品配方设计 [J]. 肉类研究, 2010, 137 (7): 70-77.

[13] 菠菠. 食品配方设计七步走 [J]. 中国食品, 2011, 581 (13): 50-51.

[14] 林路. "双碳"背景下J油田风电直供项目的可行性研究 [D]. 扬州: 扬州大学, 2022.

[15] 汪晓辉. 食品质量安全的标准规制与产品责任制 [D]. 杭州: 浙江大学, 2015.

[16] 陆卫东. 浅谈新产品开发中的技术经营一体化 [J]. 软科学, 1992 (3): 44-46.

[17] 王亚. 米易糖业公司新产品开发的实践与研究 [D]. 重庆: 西南财经大学, 2000.

[18] 冯良, 刘禹. 打造乳业爆品的新"招式" [J]. 乳品与人类, 2020 (3): 58-64.

[19] 徐有芳, 文军. 功能农业背景下恩施州富硒农业发展SWOT分析 [J]. 农村经济与科技, 2022, 33 (17): 102-105.

[20] 钱伊娜. 基于《食品包装》开展食品包装开启方式的设计 [J]. 食品工业, 2020, 41 (11): 387-388.

[21] 李宝伟. 食品包装设计中绘画元素应用——评《食品包装学》[J]. 食品与发酵工业, 2019, 45 (20): 304.

[22] 张丽辉. 新产品研发项目中的质量管理方法探究 [J]. 质量与市场, 2021 (5): 46-48.

[23] 李健, 赵东. 原料药中试放大工艺的风险 [J]. 化工管理, 2021 (35): 157-158.

[24] 保晓军. 浅谈中试放大 [J]. 中国化工贸易, 2014 (10): 155.

[25] 杜凯敏, 卓佐西, 胡晨晖, 等. 从小试实验到中试放大——浅谈分子筛中试放大合成中的一些问题及思考 [J]. 化工时刊, 2022, 36 (3): 29-31.

[26] 孙梦娜. 基于药食同源中药材改善睡眠的功能性食品配方设计与功能评价 [D]. 合肥: 合肥工业大学, 2022.

［27］姜一凡. 超声波技术在发酵食品领域的应用［J］. 食品安全质量检测学报, 2023, 14 (4): 188-194.

［28］杜娇, 董文江, 程金焕, 等. 超声波辅助冷萃制备咖啡液工艺优化及其理化特性分析 ［J］. 热带作物学报, 2022, 43 (10): 2122-2131.

［29］梁诗洋, 张鹰, 曾晓房, 等. 超声波技术在食品加工中的应用进展［J］. 食品工业科技, 2023, 44 (4): 462-471.

［30］马卓云, 于泽, 於佳龙. 益生菌在食品中的应用现状及其功效［J］. 现代食品, 2020 (4): 129-131.

［31］王人悦, 郑琳琳, 佟永薇. 益生菌制品的应用及前景展望［J］. 食品研究与开发, 2013, 34 (11): 128-130.

［32］沈舒奕, 黄文豪, 唐明杰, 等. 高效降敏益生菌制剂的筛选与制备［C］//中国食品科学技术学会, 第十七届益生菌与健康国际研讨会摘要集, 2022, 60.

［33］陈鹏. 超高压技术在蛋白质食品加工中的应用［J］. 现代食品, 2021, 14: 53-55.

［34］王雨洁. 超高压处理鱼肉制品品质的影响综述［J］. 食品安全导刊, 2020 (33): 176.

［35］甄宗圆, 李志杰, 梁迪, 等. 超高压技术在肉类杀菌及品质改善中的应用进展［J］. 现代食品科技, 2021, 37 (8): 350-356, 374.

［36］陈曦. 超滤技术能为食品工业带来什么? ［J］. 食品界, 2023, 3: 24-25.

［37］刘晓欢, 贾丽娜. 超滤技术在饮料工业中的应用研究进展［J］. 农产品加工, 2017, 14: 40-41.

［38］李明浩, 李晓东, 王洋. 超滤在生产浓缩乳蛋白类产品中的应用［J］. 包装与食品机械, 2012, 30 (5): 52-56.

［39］李春丽, 唐甜甜, 张懋. 基于文献计量学的国内外食品 3D 打印技术研究进展［J］. 食品与机械, 2022, 38 (12): 5-14, 31.

［40］李鑫, 张爽, 许月明. 3D 打印技术在肉类加工中应用的研究进展［J］. 武汉轻工大学学报, 2022, 41 (4): 24-30, 52.

［41］王新宇. 淀粉凝胶彩色 3D 打印及高温诱导变形研究［D］. 镇江: 江苏大学, 2022.

［42］康凌宇. 3D 打印食品充满挑战［J］. 中国食品工业, 2022 (4): 81.

［43］赵捷. 基于功能多元化包装设计形态研究［J］. 建筑与装饰, 2016 (39): 191-192.

［44］樊湘文. 浅谈按 GMP 设计食品工厂可降低食品安全风险［J］. 食品安全导刊, 2020 (17): 73.

［45］张爱军. 浅谈保健食品 GMP 和 ISO 9001 质量管理体系［J］. 科技与企业, 2012, 224 (23): 89.

［46］王彩霞, 熊菲菲, 雷蕾, 等. 保健食品 GMP 管理中员工培训工作的探讨［J］. 现代食品, 2021 (10): 31-34.

［47］徐学福, 徐学梅, 杨军. 乳制品加工 SSOP 的要求与执行［J］. 中国畜禽种业, 2016, 12 (3): 28.

［48］詹慧文. 对我国现行食品安全法的反思及完善——以 HACCP 与 GMP、SSOP 及 ISO 9000 的关系为视角［J］. 法制与社会, 2012 (11): 75-76.

［49］岳晓禹，曹胜券，张天琪. HACCP 体系在休闲肉制品生产中的应用［J］. 现代牧业，2023，7（1）：48-52.

［50］黄莹星，谢桂勉，吴惠贞. HACCP 在全果型红心火龙果果酱生产中的应用［J］，食品工业，2023，44（3）：43-48.

［51］郝海泳. 食品生产企业运用 HACCP 管理实践经验［J］. 食品工业，2023，44（2）：218-221.

［52］孙敏杰，王欣，顾绍平，等. 我国食品生产企业 HACCP 应用与认证情况分析及相关建议［J］. 中国食品学报，2023，23（1）：416-426.

［53］李佳利，陈宇，钱建平，等. 融合 HACCP 体系的农产品区块链追溯系统精准上链机制改进［J］. 农业工程学报，2022，38（20）：276-285.

［54］李鸿奎. HACCP 在超高温灭菌乳生产中的建立及应用［J］. 中国乳业，2014，150（6）：47-50.

［55］林艳微. 食品生产企业质量管理现状及对策研究［J］. 食品安全导刊，2020，292（33）：67-68.

［56］孔军平. 食品生产管理中的食品安全措施探讨［J］. 食品安全导刊，2019，249（24）：11，36.

［57］王松江. 食品生产管理中食品安全的发展措施分析［J］. 现代食品，2019（7）：128-129，132.

［58］吴永祥，刘刚，江尧，等. 年产 1000t 臭鳜鱼的工厂设计［J］. 中国调味品，2022，47（12）：124-129.

［59］吕露. 物理技术在食品贮藏与果蔬保鲜中的应用探讨［J］. 食品安全导刊，2021，320（27）：121-122.

［60］范兴兵. 食品物流管理中的冷链运输研究——评《食品物流管理》［J］. 粮食与油脂，2022，35（9）：168.